全国动物卫生监督执法培训参考丛书⑤

官方兽医牛羊检疫工作实务

中国动物卫生与流行病学中心　组编

中国农业出版社

北　京

《官方兽医牛羊检疫工作实务》
编写人员

中国动物卫生与流行病学中心　组编

主　　编	贾智宁	万　强	王发明	翟海华	
副 主 编	侯　璐	李　昂	蔺　东	王伟涛	
审　　稿	滕翔雁	张衍海	李卫华	陈少渠	
参编人员	王媛媛	肖　肖	朱　琳	刘德举	李　超
	周圣铠	王　岩	韩凤玲	苏　红	冯利霞
	陈振强	元雪浈	李永翰	盛英霞	刘　霞
	刘　峰	朱文渊	张　润	许　颖	胥小辰
	任晓玲	葛　威	籍晓敏	崔　赢	施明星
	刘秋杉	张伊敏	张　旗	刘宏晓	

前言 | FOREWORD

动物检疫是防范动物疫病传播、保障动物卫生和动物源性产品安全的重要措施。反刍动物是我国畜牧业的重要组成部分，其中牛羊是我国主要的肉类来源之一。反刍动物疫病防控对其养殖业健康发展极为重要，尤其是牛羊来源的人畜共患传染病，关系到食品安全和人畜健康。反刍动物检疫可有效预防和控制反刍动物疫病的发生与传播，保障动物及动物产品安全。2010 年，农业部制定了《反刍动物产地检疫规程》《牛屠宰检疫规程》《羊屠宰检疫规程》(以下简称《规程》)。系列《规程》的出台增强了反刍动物检疫工作的针对性和可操作性，进一步规范和强化了反刍动物检疫工作，为重大动物疫病防控工作提供了有力支撑，对促进畜牧业健康发展和保障畜产品质量安全发挥了重要作用。

全面理解和准确把握反刍动物检疫规程各项要求，是做好反刍动物检疫工作的重要前提。为便于各级农业农村主管部门、广大检疫工作人员、养殖场（户）熟练掌握反刍动物检疫规程，提高检疫水平，我们组织了长期从事动物检疫工作的业务骨干和专家，共同编写了本书。本书以《规程》的解读为主线，根据国家相关法律、法规、规章、规范性文件等内容，结合工作实践，对反刍动物产地检疫、牛羊屠宰检疫等内容进行了深入解读。同时，本书也与新修订的《中华人民共和国动物防疫法》、农业农村部最新公告的有关内容进行了衔接。本书可作为相关专业教学、动物检疫工作人员培训教材或工作参考用书。

由于时间仓促，编者水平有限，内容难免有疏漏或值得商榷之处，敬请读者批评指正！

编　　者

2022 年 8 月

CONTENTS

目　录

CHAPTER

第一部分 01

《反刍动物产地检疫规程》解读

1 适用范围

本规程规定了反刍动物（含人工饲养的同种野生动物）产地检疫的检疫范围、检疫对象、检疫合格标准、检疫程序、检疫结果处理和检疫记录。

本规程适用于中华人民共和国境内反刍动物的产地检疫及省内调运种用、乳用反刍动物的产地检疫。

合法捕获的同种野生动物的产地检疫参照本规程执行。

【解读】本条是对本规程适用范围的规定。

本规程调整的动物范围是指牛、羊、鹿、骆驼以及合法捕获的同种野生动物。其中，合法捕获的同种野生动物的产地检疫参照本规程执行。部分检疫项目不必按照规程实行，比如合法捕获的同种野生动物，产地检疫过程中不用查验养殖档案和畜禽标识。

有关捕获同种野生动物的合法性，依据《中华人民共和国野生动物保护法》第二十条、第二十二条、第二十三条第一款、第二十四条第一款，以及《全国人大常委会表决通过关于全面禁止非法野生动物交易、革除滥食野生动物陋习、切实保障人民群众生命健康安全的决定》执行。

本规程不适用于香港特别行政区和澳门特别行政区，香港特别行政区和澳门特别行政区依照特别行政区基本法规定执行。

2 检疫范围及对象

2.1 检疫范围

牛、羊、鹿、骆驼。

【解读】本条是对产地检疫中适用动物种类的规定。

2.2 检疫对象

2.2.1 牛：口蹄疫、布鲁氏菌病、牛结核病、炭疽、牛传染性胸膜肺炎。

2.2.2 羊：口蹄疫、布鲁氏菌病、绵羊痘和山羊痘、小反刍兽疫、炭疽。

2.2.3 鹿：口蹄疫、布鲁氏菌病、结核病。

2.2.4 骆驼：口蹄疫、布鲁氏菌病、结核病。

【解读】本条是对产地检疫中检疫对象的规定。

检疫对象是指国务院农业农村主管部门依照法律授权，根据我国动物防疫工作的实际需要和技术条件，确定并公布的需要检疫的特定动物疫病。检疫对象应当符合几个方面的特征：列入《一、二、三类动物疫病病种名录》（中华人民共和国农业农村部公告第573号），国家重点防控的动物疫病，检疫检验的技术成熟，已经制定出检疫标准或规程。

根据动物疫病对养殖业生产和人体健康的危害程度，《中华人民共和国动物防疫法》（以下简称《动物防疫法》）将规定管理的动物疫病分为三类：

（1）一类疫病 是指口蹄疫、非洲猪瘟、高致病性禽流感等对人、动物构成特别严重危害，可能造成重大经济损失和社会影响，需要采取紧急、严厉的强制预防、控制等措施的。

（2）二类疫病 是指狂犬病、布鲁氏菌病、草鱼出血病等对人、动物构成严重危害，可能造成较大经济损失和社会影响，需要采取严格预防、控制等措施的。

（3）三类疫病 是指大肠杆菌病、禽结核病、鳖腮腺炎病等常见多发，对人、动物构成危害，可能造成一定程度的经济损失和社会影响，需要及时预防、控制的。

本规程规定的检疫对象包括：

牛 5 种。其中，一类动物疫病 2 种，口蹄疫、牛传染性胸膜肺炎；二类动物疫病 3 种，布鲁氏菌病、牛结核病、炭疽。

羊 5 种。其中，一类动物疫病 2 种，口蹄疫、小反刍兽疫；二类动物疫病 3 种，布鲁氏菌病、炭疽、绵羊痘和山羊痘。

鹿 3 种。其中，一类动物疫病 1 种，口蹄疫；二类动物疫病 2 种，布鲁氏菌病、结核病。

骆驼 3 种。其中，一类动物疫病 1 种，口蹄疫；二类动物疫病 2 种，布鲁氏菌病、结核病。

3 检疫合格标准

【解读】本条是对产地检疫合格标准的规定。

产地检疫合格的标准需符合 3.1～3.5 项条件，合法捕获的野生反刍动物需符合 3.1、3.4、3.5 项条件，省内调运反刍动物及精液、胚胎的，需符合 3.1～3.6 项条件。

3.1 来自非封锁区或未发生相关动物疫情的饲养场（养殖小区）、养殖户。

【解读】本条是对检疫合格反刍动物来源的规定。

《动物防疫法》规定，发生一类动物疫病时，应当划定疫点、疫区、受威胁区，调查疫源，及时报请本级人民政府对疫区实行封锁。二、三类动物疫病呈暴发性流行时，按照一类动物疫病处理。因此，封锁区是由县级以上地方人民政府组织有关部门和单位划定的区域。

相关动物疫情是指与该规程规定的动物疫病相关的疫情。

饲养场（养殖小区）、养殖户、合法捕获的野生反刍动物的捕获地均不能是封锁区或发生相关动物疫情的地区。同时应符合《全国人大常委会表决通过关于全面禁止非法野生动物交易、革除滥食野生动物陋习、切实保障人民群众生命健康安全的决定》要求。

3.2 按照国家规定进行强制免疫，并在有效保护期内。

【解读】本条是对检疫合格反刍动物免疫状况的规定。

强制免疫是指国家对严重危害养殖业生产和人体健康的动物疫病，采取制定强制免疫计划，确定免疫病种、免疫要求、免疫动物种类与区域范围、免疫实施主体、组织分工、补助经费安排、免疫效果监测以及监督管理等一系列强制性措施，以达到有计划、分步骤地预防、控制、净化和消灭动物疫病的目的。

《动物防疫法》规定，国务院农业农村主管部门确定强制免疫的动物疫病病种和区域。省、自治区、直辖市人民政府农业农村主管部门制定本行政区域的强制免疫计划，并可以根据本行政区域内动物疫病流行情况增加实施强制免疫的动物疫病病种和区域，报本级人民政府批准后执行，并报国务院农业农村主管部门备案。

关于强制免疫病种的有效保护期，根据疫苗的种类不同，有效保护期不同，一般是指该疫苗生产厂家提供的说明书上的建议保护期。有条件的地方可以进行抗体水平实验室检测，来判断是否在有效保护期内。

因此，官方兽医可根据本省（自治区、直辖市）的强制免疫计划和强制免疫记录情况以及监测情况来综合判断。

3.3 养殖档案相关记录和畜禽标识符合规定。

【解读】本条是对养殖档案和畜禽标识合格的规定。

本条所述的规定是指《中华人民共和国畜牧法》（以下简称《畜牧法》）《畜禽标识和养殖档案管理办法》等关于养殖档案和畜禽标识的规定。

1. 养殖档案

养殖档案是落实产品质量责任追溯制度、保障畜禽产品质量的重要基础，是加强畜禽养殖场（小区）管理、建立和完善畜禽标识及畜禽产品追溯体系的基本手段。

《畜牧法》《畜禽标识和养殖档案管理办法》规定，养殖档案应当载明以下内容：

（1）畜禽的品种、数量、繁殖记录、标识情况、来源和进出场日期；

（2）饲料、饲料添加剂等投入品和兽药的来源、名称、使用对象、时间和用量等有关情况；

（3）检疫、免疫、监测、消毒情况；

（4）畜禽发病、诊疗、死亡和无害化处理情况；

（5）畜禽养殖代码；

（6）国务院畜牧兽医行政主管部门规定的其他内容。

养殖档案保存期：牛为 20 年，羊为 10 年，种畜长期保存，骆驼和鹿可参照牛执行。养殖场、养殖小区养殖档案格式按农业农村部规定文本填写。

2. 畜禽标识

《畜禽标识和养殖档案管理办法》规定，畜禽标识是指经农业农村部批准使用的耳标、电子标签、脚环以及其他承载畜禽信息的标识物。畜禽实行一畜一标，编码具有唯一性。畜禽标识编码由畜禽种类代码、县级行政区域代码、标识顺序号共 15 位数字及专用条码组成。本规程规定动物以耳标作为畜禽标识。

牛羊的畜禽种类代码分别为 2 和 3，骆驼和鹿目前还没有规定的畜禽种类代码。编码形式为：×（种类代码）－××××××（县级行政区域代码）－××××××××（标识顺序号）。

《畜禽标识和养殖档案管理办法》规定，应在动物出生后 30 天内加施耳标。30 天内离开饲养地的，在离开饲养地前加施耳标。从国外引进的，在到达目的地 10 日内加施耳标。首次加施耳标在左耳中部；需要再次加施耳标的，在右耳中部加施。耳标严重磨损、破损、脱落后，应当及时加施新的耳标，并在养殖档案中记录新耳标编码。耳标不得重复使用。

3.4 临床检查健康。

【解读】本条是对临床检查结果合格的规定。

临床检查健康是指采用群体检查法和个体检查法检查动物无异

常，具体检查方法见 4. 3. 1，检查内容见 4. 3. 2。

3.5 本规程规定需进行实验室疫病检测的，检测结果合格。

【解读】本条是对实验室疫病检测结果合格的规定。

对怀疑患有本规程规定检疫对象及临床检查发现其他异常情况的，需要进行实验室疫病检测。

《中华人民共和国农业农村部公告第 2 号》规定，疫病检测结果需由动物疫病预防控制机构、通过质量技术监督部门资质认定的实验室或通过兽医系统实验室考核的实验室出具。

临床检查过程中发现有发热、精神不振、食欲减退、流涎；蹄冠、蹄叉、蹄踵部出现水疱或水疱破裂后表面出血，形成暗红色烂斑，感染造成化脓、坏死、蹄壳脱落；口腔黏膜、舌、乳房出现水疱和糜烂等症状的，应按照《口蹄疫防治技术规范》进行实验室检测。

临床检查过程中发现有体温升高达 41℃以上，可视黏膜呈暗紫色，呼吸困难，或在颈、胸前、肩胛、腹下或外阴部可见水肿；皮肤病灶温度增高，坚硬，有压痛，颈部水肿，咽炎和喉头水肿，产生炭疽痈等症状的，怀疑感染炭疽，应按照《炭疽防治技术规范》进行实验室检测。

临床检查过程中发现羊出现突然发热、呼吸困难或咳嗽，分泌黏脓性卡他性鼻液，口腔内膜充血、糜烂，齿龈出血，严重腹泻或下痢，怀疑感染小反刍兽疫，应按照《小反刍兽疫防治技术规范》进行实验室检测。

临床检查过程中发现羊出现体温升高、呼吸加快，皮肤、黏膜上出现痘疹，由红斑到丘疹，突出皮肤表面，或在皮肤上形成脓疱、破溃结痂等症状的，怀疑感染绵羊痘或山羊痘，应按照《绵羊痘/山羊痘防治技术规范》进行实验室检测。

3.6 省内调运的种用、乳用反刍动物须符合相应动物健康标准；省内调运种用、乳用反刍动物精液、胚胎的，其供体动物须符合相应动物健康标准。

【解读】本条是对省内调运种用反刍动物及精液、胚胎须符合条件的规定。

《动物防疫法》规定，种用、乳用动物应当符合国务院农业农村主管部门规定的健康标准。种畜、种禽和乳用动物的用途特殊，其饲养存栏时间长、对当地养殖业生产和人体健康影响较大，因此其疫病防治尤为重要。一旦染疫，不仅会长期散布病原，横向水平传播疫病，还可能向下一代垂直传播疫病，严重影响生产性能，而且容易使疫情进一步扩散，包括人畜共患病病原向人的传播。因此，有必要对这些动物的健康标准做出规定，定期接受当地动物疫病预防控制机构的检测。实践证明，加强对种用、乳用动物的健康管理，是控制动物疫病的源头措施，是有效净化当地动物疫病的重要手段，做好这项工作对整个动物防疫工作起到事半功倍的作用。

《农业部公告第 1137 号》发布了《乳用动物健康标准》，对奶牛和奶山羊健康标准以及相关疫病检测方法做出了明确规定。奶牛健康标准要求按照国家动物疫病监测计划对口蹄疫、牛瘟、牛肺疫、布鲁氏菌病、结核病、炭疽进行监测，监测结果符合规定要求；经农业农村部批准进行布鲁氏菌病免疫的，免疫抗体检测合格；不进行布鲁氏菌病免疫的，血清学检测结果应为阴性；结核病经变态反应检测为阴性。奶山羊健康标准要求按照国家动物疫病监测计划对口蹄疫、山羊痘、小反刍兽疫进行监测，监测结果符合规定要求；进行布鲁氏菌病免疫的，免疫抗体检测合格；不进行布鲁氏菌病免疫的，血清学检测结果应为阴性。奶牛、奶山羊布鲁氏菌病、结核病检测比例为100%；当地动物疫病预防控制机构每年至少检测一次。

目前我国还没有发布种用动物健康标准。

4 检疫程序

【解读】本条是对反刍动物产地检疫程序的规定。

4.1 申报受理。动物卫生监督机构在接到检疫申报后，根据当地相关动物疫情情况，决定是否予以受理。受理的，应当及时派出官方兽医到现场或到指定地点实施检疫；不予受理的，应说明理由。

【解读】本条是对检疫程序申报受理的规定。

《动物检疫管理办法》规定，国家实行动物检疫申报制度。实施动物检疫申报制度是为了使检疫人员能够提前了解待检动物基本情况，方便合理调配检疫资源，提高检疫效率。

1. 检疫申报的要求

（1）申报时限 《动物检疫管理办法》第八条规定，出售、运输动物产品和供屠宰、继续饲养的动物，应当提前3天申报检疫；出售、运输乳用动物、种用动物及其精液、卵、胚胎、种蛋，以及参加展览、演出和比赛的动物，应当提前15天申报检疫；向无规定动物疫病区输入相关易感动物、易感动物产品的，货主除按规定向输出地动物卫生监督机构申报检疫外，还应当在起运3天前向输入地省级动物卫生监督机构申报检疫；合法捕获野生动物的，应当在捕获后3天内向捕获地县级动物卫生监督机构申报检疫。同时应符合《全国人大常委会表决通过关于全面禁止非法野生动物交易、革除滥食野生动物陋习、切实保障人民群众生命健康安全的决定》的要求。

需要说明，申报必须是“出售或者运输动物之前”，即动物在出栏之前。提前申报检疫是为了更好更合理地分配资源，使检疫人员和检疫时间合理调配，便于提高检疫效率。很多时候，管理相对人将动物装载到运输工具后，才提交检疫申报，检疫申报不被受理，常常被管理相对人误解为故意刁难。如果未申报检疫，出售或者运输动物的，则构成违法行为，要承担相应的法律责任，县级以上地方人民政府农业农村主管部门按未经检疫的情况进行处理。《动物防疫法》第一百条规定，屠宰、经营、运输的动物未附有检疫证明，经营和运输的动物产品未附有检疫证明、检疫标志的，由县级以上地方人民政府农业农村主管部门责令改正，处同类检疫合格动物、动物产品货值金额一倍以下罚款；对货主以外的承运人处运输费用三倍以上五倍以下罚款，情节严重的，处五倍以上十倍以下罚款；用于科研、展示、演出和比赛等非食用性利用的动物未附有检疫证明的，由县级以上地方人民政府农业农村主管部门责令改正，处三千元以上一万元以下罚款。

（2）申报条件 货主申报检疫时，应提供养殖场名称（养殖户姓名)、地址、报检动物种类、数量、约定检疫时间、用途、去向、联系电话等信息，同时还应提供养殖档案（养殖场、小区)、防疫档案（散养户)。另外,《农业农村部公告第 2 号》规定，申报检疫时需提交动物检疫申报单和相关动物疫病检测报告等申报材料；动物疫病检测报告应当由动物疫病预防控制机构、通过资质认定的实验室或通过兽医系统实验室考核的实验室出具。

(3) 申报方式 申报点填报、传真和电话等，货主申报检疫，应当提交动物检疫申报单，采用电话申报的，需在现场补填动物检疫申报单。有条件的地区可实行网络申报。

(4) 申报主体 申报主体是指畜禽养殖场（户)、畜禽收购贩运单位或个人。畜禽养殖场（户）出售或者运输畜禽前，应按照《动物防疫法》《动物检疫管理办法》规定，向当地动物卫生监督机构申报检疫，提交动物检疫申报单和相关动物疫病检测报告等申报材料。《农业农村部公告第 2 号》规定，畜禽养殖场（户）委托畜禽收购贩运单位或个人代为申报检疫的，应当取得并出具畜禽养殖场（户）的委托书，提供申报材料。

2. 申报结果处理

对申报材料进行审核，予以受理的，应当及时派出官方兽医到现场或到指定地点实施检疫；不予受理的，应说明理由。

常见不予受理的情形有：①管辖区域外的；②依法不属于本机构职权范围内的；③没有检疫规程或规定的；④未按规定时限事先申报检疫的；⑤当地有相关动物疫情的；⑥国家或其他省份动物疫病防控有相关要求的；⑦其他不符合申报受理要求的。

相关动物疫情情况可通过当地是否为疫区来确认，疫区的确认可查验县级以上地方农业农村主管部门或动物疫病预防控制机构有无相关疫情的通报或预警信息。

本规程所指实施检疫的现场或指定地点，包括养殖地、集中地、申报点等。官方兽医是指具备国务院农业农村主管部门规定的条件，由省、自治区、直辖市人民政府农业农村主管部门按程序确认，并经县级以上农业农村主管部门任命的，负责出具检疫等证明的国家兽医工作人员。《动物防疫法》规定，产地检疫工作须由官方兽医依程序实施，动物饲养场的执业兽医或者动物防疫技术人员，应当协助官方兽医实施检疫。

4.2 查验资料及畜禽标识

【解读】本条是对产地检疫中官方兽医需要查验养殖场（户）的相关资料以及畜禽标识加施情况的规定。

4.2.1 官方兽医应查验饲养场（养殖小区）动物防疫条件合格证和养殖档案，了解生产、免疫、监测、诊疗、消毒、无害化处理等情况，确认饲养场（养殖小区）6个月内未发生相关动物疫病，确认动物已按国家规定进行强制免疫，并在有效保护期内。省内调运种用、乳用反刍动物的，还应查验种畜禽生产经营许可证。

【解读】本条是对饲养场（养殖小区）查验内容的规定。

官方兽医对饲养场（养殖小区）需要查验以下内容：

（1）查验证件及养殖档案等相关记录。

动物防疫条件合格证主要查验单位名称、单位地址、法人、经营范围是否与实际一致，是否存在伪造、变造、转让等情况。养殖档案（详见3.3【解读】）主要查看生产记录、免疫记录、监测记录、诊疗记录、消毒记录、无害化处理记录等。查验生产记录主要核对养殖数量；查验免疫记录主要确认饲养场（养殖小区）存栏反刍动物是否按国家规定进行了强制免疫，是否在有效保护期内（详见3.2【解读】），使用的兽用疫苗是否符合国家质量标准；查验监测记录，核对强制免疫疫病抗体监测结果是否符合要求，国家或地方对免疫抗体有监测规定的，还应查验其免疫抗体监测信息及免疫合格情况；查验诊疗记录，借以确定饲养场（养殖小区）在6个月内有无发生口蹄疫、牛传染性胸膜肺炎、布鲁氏菌病、结核病、炭疽、绵羊痘和山羊痘、小反刍兽疫等疫情；查验消毒记录，通过消毒药品的使用剂量和方法，确认消毒效果是否有效，以及场所消毒、车辆消毒记录等是否清楚、具体（详见5.3【解读】）。

（2）省内调运乳用反刍动物的，除满足上述条件外，还应符合《乳用动物健康标准》的相关规定。省内调运种用反刍动物的，除查验上述证件和养殖档案记录外，还需查验其《种畜禽生产经营许可证》。查验《种畜禽生产经营许可证》载明的生产经营者名称、场（厂）址、生产经营范围与实际是否相符，是否在有效期范围内。农户饲养的种畜用于自繁自养和有少量剩余仔畜出售的，农户饲养种公畜进行互助配种的，不需要办理种畜禽生产经营许可证。销售种畜时，应当附具种畜场出具的种畜合格证明、动物防疫监督机构出具的检疫合格证明。跨省调运乳用、种用反刍动物的，按照《跨省调运乳用、种用动物产地检疫规程》执行。

4.2.2 官方兽医应查验散养户防疫档案，确认动物已按国家规定进行强制免疫，并在有效保护期内。

【解读】本条是对散养户查验内容的规定。

《畜禽标识和养殖档案管理办法》规定，散养户畜禽防疫档案包括户主姓名、地址、畜禽种类、数量、免疫日期、疫苗名称、畜禽标识顺序号、免疫人员以及用药记录等。

官方兽医需要通过查验散养户的相关资料确认以下内容：是否已按国家规定进行强制免疫，并在有效保护期内；使用的兽用疫苗是否符合国家质量标准。

4.2.3 官方兽医应查验动物畜禽标识加施情况，确认所佩戴畜禽标识与相关档案记录相符。

【解读】本条是对动物佩戴畜禽标识进行查验的规定。

动物卫生监督机构实施产地检疫时，应当查验反刍动物佩戴耳标，确认加施的耳标是否与养殖档案、防疫档案中记录相符。没有加施耳标或者佩戴伪造、变造耳标的，不得出具检疫合格证明。《畜牧法》第六十八条规定，销售、收购国务院畜牧兽医行政主管部门规定应当加施标识而没有标识的畜禽的，或者重复使用畜禽标识的，由县级以上地方人民政府畜牧兽医行政主管部门或者工商行政管理部门责令改正，可以处二千元以下罚款；使用伪造、变造的畜禽标识的，由县级以上人民政府畜牧兽医行政主管部门没收伪造、变造的畜禽标识和违法所得（《动物防疫法》规定没收对应的动物、动物产品），并处三千元以上三万元以下罚款。

4.3 临床检查

4.3.1 检查方法

4.3.1.1 群体检查。从静态、动态和食态等方面进行检查。主要检查动物群体精神状况、外貌、呼吸状态、运动状态、饮水饮食、反刍状态、排泄物状态等。

【解读】本条是对临床检查中群体检查内容的规定。

群体检查是指对待检动物群体进行现场临诊观察，检查时以群为单位，包括静态、动态和食态检查。

静态检查：在动物安静情况下，观察其精神状态、外貌、立卧姿势、呼吸等，注意有无咳嗽、气喘、呻吟、流涎、孤立一隅等反常现象。

动态检查：在动物自然活动或被驱赶时，观察其起立姿势、行动姿势、精神状态和排泄姿势。注意有无行动困难、肢体麻痹、步态蹒跚、跛行、屈背弓腰、离群掉队及运动后咳嗽或呼吸异常现象，并注意排泄物的质度、颜色等。

食态检查：检查饮食、咀嚼、吞咽、反刍时的反应状态。注意有无不食不饮、少食少饮、反刍异常、异常采食以及吞咽困难、呕吐、流涎等现象。

4.3.1.2 个体检查。通过视诊、触诊、听诊等方法进行检查。主要检查动物个体精神状况、体温、呼吸、皮肤、被毛、可视黏膜、胸廓、腹部及体表淋巴结，排泄动作及排泄物性状等。

【解读】本条是对临床检查中个体检查内容的规定。

个体检查，一是对群体检查时发现异常个体进行检查，二是抽取群体的5%～20%进行检查。若个体检查发现患病动物的，应加大抽检比例。个体检查的方法有视诊、触诊、叩诊、听诊等。

视诊：检查精神状态，主要查看动物反应是否敏捷，动作是否灵活，行为是否正常等。检查营养状况，主要查看动物轮廓是否丰圆，骨骼棱角是否显露，被毛是否有光泽等。检查姿态与步样，健康动物姿势自然，动作灵活协调，步态稳健；病理状态下，有的动物异常站立，有的动物强迫性躺卧，不能站立，有的动物站立不稳，有的动物盲目转圈等。检查被毛和皮肤，主要检查动物的被毛是否整齐柔顺，皮肤颜色是否正常，有无肿胀、溃烂、出血等。检查反刍和呼吸，主要检查呼吸频率、节律、强度和呼吸方式，看有无呼吸困难，同时检查反刍情况。检查可视黏膜，主要检查眼结膜、口腔黏膜和鼻黏膜，同时检查天然孔及分泌物等。检查排泄动作及排泄物，注意排泄动作有无异常及排泄困难；注意粪便的颜色、硬度、气味、性状及尿液的颜色、数量、清浊度等。

触诊：触诊耳朵、角根，初步确定体温变化情况。触摸皮肤弹性，健康动物皮肤柔软富有弹性；弹性降低见于营养不良或脱水性疾病。检查胸部、腹部的敏感性。触诊体表淋巴结，检查其大小、形状、硬度、活动性、敏感性等，必要时可穿刺检查。怀疑是直肠或子宫性疾病的，必要时可进行直肠检查。

叩诊：叩诊心、肺、胃、肠、肝区的音响、位置和界限，胸、腹部敏感程度。

听诊：听叫声、咳嗽声、心音、肺泡气管呼吸音、胃肠蠕动音等有无异常。

测定体温、脉搏、呼吸数是否正常。

测定体温时应考虑动物的年龄、性别、品种、营养状态，外界气温、妊娠等情况，这些因素都可能导致动物体温发生改变，但波动范围在 1℃以内。牛正常体温为 37.5～39.5℃；羊正常体温为 38.0～40℃；骆驼正常体温为 36.5～38.5℃；鹿正常体温为38.0～39.0℃。

脉搏应该在动物充分休息后测定。脉搏增多多见于热性病，心肌机能不全的其他疾病；脉搏减少常见于颅内压增高的脑病，有机磷中毒等。牛正常脉搏数为 40～80 次/分钟；羊正常脉搏数为60～80 次/分钟；骆驼正常脉搏数为 30～60 次/分钟；鹿正常脉搏数为 36～78 次/分钟。

呼吸数的测定，应在安静状态下进行。呼吸数增加，常见于肺部疾病、高热性疾病、疼痛性疾病等；呼吸数减少，常见于脑炎、代谢性疾病等。牛正常呼吸数为 10～25 次/分钟；羊正常呼吸数为 12～30 次/分钟；骆驼正常呼吸数为 6～15 次/分钟；鹿正常呼吸数为 15～25 次/分钟。

4.3.2 检查内容

4.3.2.1 出现发热、精神不振、食欲减退、流涎；蹄冠、蹄叉、蹄踵部出现水疱，水疱破裂后表面出血，形成暗红色烂斑，感染造成化脓、坏死、蹄壳脱落，卧地不起；鼻盘、口腔黏膜、舌、乳房出现水疱和糜烂等症状的，怀疑感染口蹄疫。

【解读】本条是对口蹄疫典型临床症状的表述。部分典型症状见彩图 1。

4.3.2.2 孕畜出现流产、死胎或产弱胎，生殖道炎症、胎衣滞留，持续排出污灰色或棕红色恶露以及乳房炎症状；公畜发生睾丸炎或关节炎、滑膜囊炎，偶见阴茎红肿，睾丸和附睾肿大等症状的，怀疑感染布鲁氏菌病。

【解读】本条是对布鲁氏菌病典型临床症状的表述。

值得注意的是，对于布鲁氏菌病，部分病畜存在无典型临床症状的情况，应结合流行病学调查情况进行综合分析，必要时可抽检样品进行实验室检测（彩图2）。

4.3.2.3 出现渐进性消瘦、咳嗽，个别可见顽固性腹泻，粪中混有黏液状脓汁；奶牛偶见乳房淋巴结肿大等症状的，怀疑感染结核病。

【解读】本条是对结核病典型临床症状的表述。

4.3.2.4 出现高热、呼吸增速、心跳加快；食欲废绝，偶见瘤胃膨胀，可视黏膜紫绀，突然倒毙；天然孔出血、血凝不良呈煤焦油样、尸僵不全；体表、直肠、口腔黏膜等处发生炭疽痈等症状的，怀疑感染炭疽。

【解读】本条是对炭疽典型临床症状的表述。

4.3.2.5 羊出现突然发热、呼吸困难或咳嗽，分泌黏脓性卡他性鼻液，口腔内膜充血、糜烂，齿龈出血，严重腹泻或下痢，母羊流产等症状的，怀疑感染小反刍兽疫。

【解读】本条是对小反刍兽疫典型临床症状的表述。

4.3.2.6 羊出现体温升高、呼吸加快；皮肤、黏膜上出现痘疹，由红斑到丘疹，突出皮肤表面，遇化脓菌感染则形成脓疱继而破溃结痂等症状的，怀疑感染绵羊痘或山羊痘。

【解读】本条是对绵羊痘或山羊痘典型临床症状的表述。部分典型症状如彩图 3。

4.3.2.7 出现高热稽留、呼吸困难、鼻翼扩张、咳嗽；可视黏膜发绀，胸前和肉垂水肿；腹泻和便秘交替发生，厌食、消瘦、流涕或口流白沫等症状的，怀疑感染传染性胸膜肺炎。

【解读】本条是对传染性胸膜肺炎典型临床症状的表述。

4.4 实验室检测

4.4.1 对怀疑患有本规程规定疫病及临床检查发现其他异常情况的，应按相应疫病防治技术规范进行实验室检测。

【解读】本条是对需要进行实验室疫病检测的情形及检测方法依据的规定。

临床检查中发现疑似患有本规程规定疫病或发现其他疫病特征的，应按照相应疫病防治技术规范进行实验室检测。目前国家公布的疫病防治技术规范共有 16 项，其中 5 项防治技术规范涉及反刍动物，分别是《口蹄疫防治技术规范》《布鲁氏菌病防治技术规范》《牛结核病防治技术规范》《绵羊痘/山羊痘防治技术规范》《炭疽防治技术规范》。

4.4.2 实验室检测须由省级动物卫生监督机构指定的具有资质的实验室承担，并出具检测报告。

【解读】本条是对出具检测报告的实验室应符合条件的规定。

《农业农村部公告第 2 号》规定，疫病检测报告应当由动物疫病预防控制机构、通过质量技术监督部门资质认定的实验室或通过兽医系统实验室考核的实验室出具。但随着我国实验室管理体系与制度的逐步完善，未来出具检测报告的实验室将不局限于上述几种。

4.4.3 省内调运的种用、乳用动物可参照《跨省调运种用、乳用动物产地检疫规程》进行实验室检测，并提供相应检测报告。

【解读】本条是对省内调运反刍动物实验室检测的规定。

《跨省调运种用、乳用动物产地检疫规程》规定，跨省调运乳用、种用反刍动物检疫合格需满足三个条件：一是符合农业农村部《反刍动物产地检疫规程》要求；二是符合农业农村部规定的种用、乳用动物健康标准；三是提供《跨省调运种用、乳用动物产地检疫规程》规定动物疫病的实验室检测报告，检测结果合格。临床检查中，母牛还应重点检查是否患有乳房炎。发现奶牛体温升高、食欲减退、反刍减少、脉搏增速、脱水，全身衰弱、沉郁；突然发病，乳房发红、肿胀、变硬、疼痛，乳汁显著减少和异常；乳汁中有絮片、凝块，并呈水样，出现全身症状；乳房有轻微发热、肿胀和疼痛；乳腺组织纤维化，乳房萎缩、出现硬结等症状的，怀疑感染乳房炎。

《跨省调运乳用、种用动物产地检疫规程》规定，种牛需要进行实验室检测的疫病种类有口蹄疫、布鲁氏菌病、牛结核病、副结核病、牛传染性鼻气管炎、牛病毒性腹泻/黏膜病；奶牛需要进行实验室检测的疫病种类有口蹄疫、布鲁氏菌病、牛结核病、牛传染性鼻气管炎、牛病毒性腹泻/黏膜病；种羊需要进行实验室检测的疫病种类有口蹄疫、布鲁氏菌病、蓝舌病、山羊关节炎脑炎；奶山羊需要进行实验室检测的疫病种类有口蹄疫、布鲁氏菌病。

5 检疫结果处理

5.1 经检疫合格的，出具动物检疫合格证明。

【解读】本条是对经检疫合格动物处理的规定。

经检疫合格的，出具动物检疫合格证明。检疫合格需满足以下条件：

（1）来自非封锁区或未发生相关动物疫情的饲养场（养殖小区）、养殖户；

（2）按照国家规定进行了强制免疫，并在有效保护期内；

（3）养殖档案相关记录和畜禽标识符合规定；

（4）临床检查健康；

（5）本规程规定需进行实验室疫病检测的，检测结果合格；

（6）调运种用、乳用反刍动物的，还应符合种用、乳用动物健康标准。

合法捕获的野生反刍动物，检疫合格的前提应符合《全国人大常委会表决通过关于全面禁止非法野生动物交易、革除滥食野生动物陋习、切实保障人民群众生命健康安全的决定》，同时又要符合下面条件：

(1) 来自非封锁区；

(2) 临床检查健康；

(3) 本规程规定需要进行实验室疫病检测的，检测结果符合要求。

动物检疫合格证明根据适用范围分为动物A（用于跨省境出售或者运输动物）和动物B（用于省内出售或者运输动物）。

动物检疫合格证明根据出证方式不同，可以分为手写出证和电子出证。目前电子出证已经在全国普及，只有少数地区还在手写出证。

动物检疫合格证明应根据《农业部关于印发动物检疫合格证明等样式及填写应用规范的通知》规范填写，填写和使用基本要求是：

(1) 动物检疫合格证明的出具机构及人员必须依法享有出证权，并需签字盖章方为有效；

(2) 动物检疫合格证明需严格按适用范围出具，混用无效；

(3) 动物检疫合格证明不得涂改，涂改无效；

(4) 动物检疫合格证明所列项目要逐一填写，内容简明准确，字迹应清晰；

(5) 动物检疫合格证明填写不规范的责任人为出具人，不得将责任转嫁给合法持证人；

(6) 动物检疫合格证明应用蓝色或黑色钢笔、签字笔或打印填写。目前，全国大部分地区已实现电子出证方式，只有极个别地区还采用手写，官方兽医签字必须手写。

动物检疫合格证明（动物A）规范填写说明：

(1) 货主 货主为个人的，填写个人姓名；货主为单位的，填写单位名称。

（2）联系电话 填写移动电话；无移动电话的，填写固定电话。

（3）动物种类 填写申请检疫的反刍动物种类名称，如牛。

（4）数量及单位 数量和单位连写，不留空格。数量及单位以汉字填写，如叁头。

（5）起运地点 饲养场（养殖小区）、交易市场的动物填写生产地的省、市、县名和饲养场（养殖小区）、交易市场名称；散养动物填写生产地的省、市、县、乡、村名。

（6）到达地点 填写到达地的省、市、县名，以及饲养场（养殖小区）、屠宰场、交易市场或乡镇、村名。

（7）用途 视情况填写，如饲养、屠宰、种用、试验等。

（8）承运人 填写动物承运者的名称或姓名；公路运输的，填写车辆行驶证上法定车主名称或名字。

（9）联系电话 填写承运人的移动电话或固定电话。

（10）运载方式 根据不同的运载方式，在相应的“□”内划“√”。

（11）运载工具牌号 填写车辆牌照号及船舶、飞机的编号。

（12）运载工具消毒情况 写明消毒药名称。

（13）到达时效 视运抵到达地点所需时间填写，最长不得超过5天，用汉字填写。

（14）牲畜耳标号 由货主在申报检疫时提供，官方兽医实施现场检疫时进行核查。牲畜耳标号只需填写顺序号的后3位，可另附纸填写，并注明本检疫证明编号，同时加盖动物卫生监督所检疫专用章。

（15）动物卫生监督检查站签章 由途经的每个动物卫生监督检查站签章，并签署日期。

（16）签发日期 用简写汉字填写，如二〇二〇年四月十六日。

（17）备注 有需要说明的其他情况可在此栏填写。

动物检疫合格证明（动物A）

编号：

货　　主			联系电话		
动物种类			数量及单位		
起运地点	______省______市（州）______县（市、区）______乡（镇）______村______（养殖场、交易市场）				
到达地点	______省______市（州）______县（市、区）______乡（镇）______村（养殖场、屠宰场、交易市场）				
用　　途		承运人		联系电话	
运载方式	□公路　□铁路　□水路　□航空			运载工具牌号	
运载工具消毒情况	装运前经________________消毒				
本批动物经检疫合格，应于______日内到达有效。 官方兽医签字：__________ 签发日期：________年____月____日 （动物卫生监督所检疫专用章）					
牲　畜 耳标号					
动物卫生 监督检查 站签章					
备　注					

第　联　共　联

注：1. 本证书一式两联，第一联由动物卫生监督机构留存，第二联随货同行。

2. 跨省调运动物到达目的地后，货主或承运人应在24小时内向输入地动物卫生监督机构报告。

3. 牲畜耳标号只需填写后3位，可另附纸填写，需注明本检疫证明编号，同时加盖动物卫生监督机构检疫专用章。

4. 动物卫生监督机构联系电话：________________。

动物检疫合格证明（动物B）规范填写说明：

（1）货主 货主为个人的，填写个人姓名；货主为单位的，填写单位名称。

（2）联系电话 填写移动电话；无移动电话的，填写固定电话。

（3）动物类型 填写申请检疫的反刍动物种类名称，如牛。

（4）数量及单位 数量和单位连写，不留空格。数量及单位以汉字填写，如叁头。

（5）用途 视情况填写，如饲养、屠宰、种用、试验等。

（6）起运地点 饲养场（养殖小区）、交易市场的动物填写生产地的市、县名和饲养场（养殖小区）、交易市场名称；散养动物填写生产地的市、县、乡、村名。

（7）到达地点 填写到达地的市、县名，以及饲养场（养殖小区）、屠宰场、交易市场或乡镇、村名。

（8）牲畜耳标号 由货主在申报检疫时提供，官方兽医实施现场检疫时进行核查。牲畜耳标号只需填写顺序号的后3位，可另附纸填写，并注明本检疫证明编号，同时加盖动物卫生监督所检疫专用章。

（9）签发日期 用简写汉字填写，如二〇二〇年四月十六日。

动物检疫合格证明（动物B）

编号：

货　　主			联系电话	
动物种类		数量及单位		用　　途	
起运地点	＿＿市（州）＿＿县（市、区）＿＿乡（镇） ＿＿村（养殖场、交易市场）			
到达地点	＿＿市（州）＿＿县（市、区）＿＿乡（镇） ＿＿村（养殖场、屠宰场、交易市场）			
牲　畜 耳标号				
本批动物经检疫合格，应于当日内到达有效。 官方兽医签字：＿＿＿＿ 签发日期：＿＿＿年＿＿月＿＿日 （动物卫生监督所检疫专用章）				

第　联　共　联

注：1. 本证书一式两联，第一联由动物卫生监督机构留存，第二联随货同行。

2. 本证书限省境内使用。

3. 牲畜耳标号只需填写后3位，可另附纸填写，并注明本检疫证明编号，同时加盖动物卫生监督机构检疫专用章。

5.2 经检疫不合格的，出具检疫处理通知单，并按照有关规定处理。

【解读】本条是对经检疫不合格反刍动物处理的规定。

经检疫不合格的，出具检疫处理通知单。检疫处理通知单应规范填写，其编号为年号＋6 位数字顺序号，以县为单位自行编制。检疫处理通知单应载明货主的姓名或单位，载明动物种类、名称、数量，数量应大写。引用国家有关法律法规应当具体到条、款、项。写明无害化处理方法，无害化处理方法应参照《病死及病害动物无害化处理技术规范》(农医发〔2017〕25 号)，根据具体情况分类处理。

检疫处理通知单

编号：________

____________________：

按照《中华人民共和国动物防疫法》和《动物检疫管理办法》有关规定，你（单位）的________________________________

____

经检疫不合格，根据________________________________

______________________________之规定，决定进行如下处理：

一、________________________________

二、________________________________

三、________________________________

四、________________________________

动物卫生监督所（公章）

年　　月　　日

官方兽医（签名）：

当事人签收：

备注：1. 本通知单一式二份，一份交当事人，一份动物卫生监督所留存。

2. 动物卫生监督所联系电话：

3. 当事人联系电话：

5.2.1 临床检查发现患有本规程规定动物疫病的，扩大抽检数量并进行实验室检测。

【解读】本条是对如何处理临床检查中发现患有本规程规定动物疫病的规定。

发现患有本规程规定动物疫病的，在4.3.1.2【解读】5%～20%的基础上适当扩大抽检比例，实验室检测可参照相应防治技术规范实施。

5.2.2 发现患有本规程规定检疫对象以外动物疫病，影响动物健康的，应按规定采取相应防疫措施。

【解读】本条是对临床检查中发现患有本规程规定动物疫病以外疫病如何处理的规定。

经检疫发现患有本规程规定的检疫对象以外的其他疫病，按照《动物防疫法》关于一、二、三类动物疫病的处理规定执行。有具体防治技术规范的，按照防治技术规范执行；无防治技术规范的按照一、二、三类动物疫病防控要求处理；不属于一、二、三类动物疫病的，参照一、二、三类动物疫病处理方法处理。同时采取消毒和紧急免疫接种等相应防疫措施。

5.2.3 发现不明原因死亡或怀疑为重大动物疫情的，应按照《动物防疫法》《重大动物疫情应急条例》和《动物疫情报告管理办法》的有关规定处理。

【解读】本条是对发现不明原因死亡或疑似重大动物疫情时处理方法的规定。

(1)《动物防疫法》规定，发现动物染疫或者疑似染疫的，应当立即向所在地农业农村主管部门或者动物疫病预防控制机构报告，并迅速采取隔离等控制措施，防止动物疫情扩散。动物疫情由县级以上人民政府农业农村主管部门认定；其中重大动物疫情由省、自治区、直辖市人民政府农业农村主管部门认定，必要时报国务院农业农村主管部门认定。

国务院农业农村主管部门负责向社会及时公布全国动物疫情，也可以根据需要授权省级人民政府农业农村主管部门公布本行政区域内的动物疫情。其他单位和个人不得发布动物疫情。

(2)《重大动物疫情应急条例》规定，重大动物疫情报告包括：

①疫情发生的时间、地点；

②染疫、疑似染疫动物种类和数量、同群动物数量、免疫情况、死亡数量、临床症状、病理变化、诊断情况；

③流行病学和疫源追踪情况；

④已采取的控制措施；

⑤疫情报告的单位、负责人、报告人及联系方式。

(3)《动物疫情报告管理办法》已被《农业农村部关于做好动物疫情报告等有关工作的通知》(农医发〔2018〕22号)替代。《农业农村部关于做好动物疫情报告等有关工作的通知》规定，动物疫情报告实行快报、月报和年报。

符合快报的情形：

①发生口蹄疫、小反刍兽疫等重大动物疫情；

②发生新发动物疫病或新传入动物疫病；

③无规定动物疫病区、无规定动物疫病小区发生规定动物疫病；

④二、三类动物疫病呈暴发流行；

⑤动物疫病的寄主范围、致病性以及病原学特征等发生重大变化；

⑥动物发生不明原因急性发病、大量死亡；

⑦农业农村部规定需要快报的其他情形。

发现不明原因死亡或怀疑为重大动物疫情的，应当立即快报至县级动物疫病预防控制机构；县级动物疫病预防控制机构应当在 2 小时内将情况逐级报至省级动物疫病预防控制机构，并同时报所在地人民政府农业农村主管部门；省级动物疫病预防控制机构应当在接到报告后 1 小时内，报本级人民政府农业农村主管部门，确认后报至中国动物疫病预防控制中心；中国动物疫病预防控制中心应当在接到报告后 1 小时内报至农业农村部畜牧兽医局。

快报应当包括基础信息、疫情概况、疫点情况、疫区及受威胁区情况、流行病学信息、控制措施、诊断方法及结果、疫点位置及经纬度、疫情处置进展以及其他需要说明的信息等内容。进行快报后，县级动物疫病预防控制机构应当每周进行后续报告；疫情被排除或解除封锁、撤销疫区，应当进行最终报告。后续报告和最终报告按快报程序上报。

5.2.4 病死动物应在动物卫生监督机构监督下，由畜主按照《病害动物和病害动物产品生物安全处理规程》（GB 16548—2006）规定处理。

【解读】本条是对如何处理病死动物的规定。

病死动物无害化处理的责任主体为畜主。在无害化处理过程中，动物卫生监督机构应当全程监督畜主直接进行无害化处理或畜主委托无害化处理企业进行处理，要求畜主和无害化处理企业做好处理记录。动物卫生监督机构做好监督记录。

《病害动物和病害动物产品生物安全处理规程》（GB 16548—2006）已经废止，具体处理方法可按照《病死及病害动物无害化处理技术规范》（农医发〔2017〕25号）执行。

5.3 动物起运前，动物卫生监督机构须监督畜主或承运人对运载工具进行有效消毒。

【解读】本条是对运载工具如何消毒的规定。

本条规定了对运载工具进行有效消毒的义务主体是畜主或承运人，官方兽医施行监督职能。

《动物防疫法》规定，运载工具在装载前和卸载后应当及时清洗、消毒。官方兽医负责监督畜主或承运人对运输车辆进行清洗、消毒。运载工具在装载前和卸载后没有及时清洗、消毒的，由县级以上地方人民政府农业农村主管部门责令限期改正，可以处一千元以下罚款；逾期不改正的，处一千元以上五千元以下罚款，由县级以上地方人民政府农业农村主管部门委托动物诊疗机构、无害化处理场所等代为处理，所需处理费用由违法行为人承担。

目前国家还没有相关消毒规范，可参照《非洲猪瘟防控手册》中对运载工具消毒的操作规范执行，但应根据不同疫病选择适合的消毒剂。

6 检疫记录

【解读】本条是对检疫记录有关问题的规定。

检疫记录是动物检疫工作的痕迹，保存检疫记录可以在发生疫情或公共卫生安全问题时，便于追溯或追责。

6.1 检疫申报单。动物卫生监督机构须指导畜主填写检疫申报单。

【解读】本条是对如何填写检疫申报单的规定。

本条规定了货主填写检疫申报单时，需在动物卫生监督机构指导下填写，以保障检疫申报单填写的规范性。

检疫申报单填写需按以下要求规范填写：

（1）货主 货主为个人的，填写个人姓名（身份证上的名字）；货主为单位的，填写单位名称（营业执照上的名称）。

（2）联系电话 填写货主移动电话；无移动电话的，填写固定电话。

（3）动物种类 填写申请检疫的反刍动物种类名称，如牛。

（4）数量及单位 数量及单位应以汉字填写，如叁头。

（5）来源 填写产地乡镇名称。

（6）起运地点 饲养场（养殖小区）、交易市场的动物填写生产地的省、市、县名和饲养场（养殖小区）、交易市场名称；散养动物填写生产地的省、市、县、乡、村名。

（7）起运时间 动物离开产地的时间。

（8）到达地点 填写到达地的省、市、县名，以及饲养场（养殖小区）、屠宰场、交易市场或乡镇名。

检疫申报单

（货主填写）

编号：

货主：

联系电话：

动物/动物产品种类：

数量及单位：

来源：

用途：

起运地点：

起运时间：

到达地点：

依照《动物检疫管理办法》规定，

现申报检疫。

货主签字（盖章）：

申报时间：____年____月____日

注：本申报单规格为210mm×70mm，

其中左联长110mm，右联长100mm。

申报处理结果

（动物卫生监督机构填写）

□受理。拟派员于

____年____月____日到

________实施检疫。

□不受理。

理由：__________

____

经办人：

年　月　日

（动物卫生监督机构留存）

检疫申报受理单

（动物卫生监督机构填写）

处理意见：　　　　No.

□受理：本所拟于____年____月____日

派员到________________实施检疫。

□不受理。理由：________________

____

经办人：　　　　联电电话：

动物检疫专用章

年　　月　　日

（交货主）

6.2 检疫工作记录。官方兽医须填写检疫工作记录，详细登记畜主姓名，地址，检疫申报时间，检疫时间，检疫地点，检疫动物种类、数量及用途，检疫处理，检疫证明编号等，并由畜主签名。

【解读】本条是对检疫工作记录包含内容的规定。

检疫工作记录是官方兽医实施产地检疫时留下的痕迹，规范填写的检疫工作记录，可以在发生疫情或发生公共卫生及动物性食品安全事件时便于追溯。其中，记录上应登记养殖场（户）名称，地址填写养殖场（户）的养殖地址。

6.3 检疫申报单和检疫工作记录应保存12个月以上。

【解读】本条是对检疫申报单和检疫工作记录保存时间的规定。

动物检疫申报单和检疫工作记录要求保存12个月以上。检疫工作记录是对检疫过程的记录，在发生疫病流行或动物源性食品安全问题时，可以通过检疫工作记录及时溯源。

CHAPTER

第二部分 02

《牛屠宰检疫规程》解读

1 适用范围

本规程规定了牛进入屠宰场（厂、点）监督查验、检疫申报、宰前检查、同步检疫、检疫结果处理以及检疫记录等操作程序。

本规程适用于中华人民共和国境内牛的屠宰检疫。

【解读】本条是对牛屠宰检疫程序及适用范围的规定。

本规程规定的屠宰场是指依照法律法规规定，符合动物防疫条件并依法取得动物防疫条件合格证和屠宰资质等资格的屠宰企业。农村地区自宰自食的除外。

屠宰检疫必须按照法定的检疫程序开展，只有按照法定的检疫程序，检疫结果才是有效的。

本规程不适用于香港特别行政区和澳门特别行政区，香港特别行政区和澳门特别行政区依照特别行政区基本法规定执行。

2 检疫对象

口蹄疫、牛传染性胸膜肺炎、牛海绵状脑病、布鲁氏菌病、牛结核病、炭疽、牛传染性鼻气管炎、日本血吸虫病。

【解读】本条是对牛屠宰检疫中检疫对象的规定。

检疫对象就是国务院兽医管理部门依照法律授权，根据我国动物防疫工作的实际需要和技术条件，确定并公布的需要检疫的特定动物疫病。检疫对象应当符合几个方面的特征：列入《一、二、三类动物疫病病种名录》，国家重点防控的动物疫病，检疫检验的技术成熟，已经制定出检疫标准或规程。

本规程规定的检疫对象有 8 种，其中一类动物疫病包括口蹄疫、牛传染性胸膜肺炎、牛海绵状脑病 3 种，二类动物疫病包括布鲁氏菌病、炭疽、牛结核病、牛传染性鼻气管炎、日本血吸虫病 5 种。

3 检疫合格标准

【解读】本条是对检疫合格标准的规定。

牛屠宰检疫合格的标准需符合 3.1～3.4 要求。

3.1 入场（厂、点）时，具备有效的动物检疫合格证明，畜禽标识符合国家规定。

【解读】本条是对入场牛所附证明和标识查验的规定。

本条所述规定指《动物防疫法》《畜牧法》《畜禽标识和养殖档案管理办法》等有关动物检疫合格证明、畜禽标识的规定。

1. 有效的动物检疫合格证明包括形式有效和内容有效

形式有效是指检疫证明必须是农业农村部统一监制样本，格式统一；内容有效指所填检疫证明内容与运输动物种类、数量、畜禽标识、健康状况一致。出具的动物检疫合格证明需官方兽医手写签字，并加盖检疫专用章。

常见的无效检疫合格证明通常有以下情形：

（1）超过有效期的；

（2）耳标号与运输牛佩戴耳标不符的；

（3）动物种类、数量与实际不符的；

（4）动物检疫合格证明与出证系统信息不符的；

（5）转让、伪造或变造的检疫证明，其中变造检疫证明是指采用剪贴、挖补、涂改、拼接等方法改变检疫证明已有项目或内容的行为；

（6）实行电子出证省份手写的检疫证明。

2. 畜禽标识符合国家规定指必须佩戴经国家批准使用的有效耳标、与检疫证明信息相符

《畜牧法》规定，畜禽养殖者应当按照国家关于畜禽标识管理的规定，在应当加施标识的畜禽指定部位加施标识，畜禽标识不得重复使用。牛在左耳中部加施畜禽标识，需要再次加施畜禽标识的，在右耳中部加施。《动物防疫法》规定，禁止持有、使用伪造或者变造的检疫证明、检疫标志或者畜禽标识。《畜禽标识和养殖档案管理办法》规定，畜禽标识是指经农业农村部批准使用的耳标、电子标签、脚环以及其他承载畜禽信息的标识物。畜禽标识实行一畜一标，编码应当具有唯一性。畜禽标识编码由畜禽种类代码、县级行政区域代码、标识顺序号共 15 位数字及专用条码组成。牛的畜禽种类代码为 2。编码形式为：2（种类代码）－××××××（县级行政区域代码）－××××××××（标识顺序号）。

3.2 无规定的传染病和寄生虫病。

【解读】本条是对牛屠宰检疫中有关传染病和寄生虫病的规定。

本条所述无规定的传染病和寄生虫病是指没有本规程规定的 8

种检疫对象，即口蹄疫、牛传染性胸膜肺炎、牛海绵状脑病、布鲁氏菌病、牛结核病、炭疽、牛传染性鼻气管炎、日本血吸虫病。其中一类疫病3种，人畜共患病5种，如果不严格检疫、控制，将会给畜牧业生产带来巨大损失和造成严重的公共卫生安全事故隐患。

3.3 需要进行实验室疫病检测的，检测结果合格。

【解读】本条是对牛屠宰检疫中有关实验室检测的规定。

农业农村部规定需进行实验室疫病检测或者快速检测的病种和违禁物质，检测结果应合格。按本规程6.2.2.3的规定，怀疑患有本规程规定疫病及临床检查发现有其他异常情况的，也需进行实验室疫病检测，检测结果应合格。

3.4 履行本规程规定的检疫程序，检疫结果符合规定。

【解读】本条规定检疫合格是指必须履行法定的检疫程序，检疫结果合格。

检疫程序合格指牛屠宰检疫按照牛入场（厂、点）监督查验、检疫申报、宰前检查、同步检疫、检疫结果处理以及检疫记录的程序依次展开。

检疫结果符合规定指结果合格，没有本规程规定的7种传染病和1种寄生虫病。

4 入场（厂、点）监督查验

4.1 查证验物。查验入场（厂、点）牛的动物检疫合格证明和佩戴的畜禽标识。

【解读】本条是对屠宰牛入场查证验物的规定。

查证验物是指查验动物检疫合格证明是否有效，检查牛耳标的佩戴情况和牛数量等是否相符。

《动物检疫管理办法》规定，官方兽医应当查验进场动物附具的动物检疫合格证明和佩戴的畜禽标识，检查待宰动物健康状况，对疑似染疫的动物进行隔离观察。

有效的检疫证明和畜禽标识，详见 3.1【解读】。

4.2 询问。了解牛运输途中有关情况。

【解读】本条是询问牛运输途中有关情况的规定。

询问承运人的内容应包括运输牛的数量、运载时间、起运地点、运载路径、车辆清洗、消毒以及运输过程中染疫、病死、死因不明牛及处置情况。

《中华人民共和国农业农村部公告第 2 号》规定，用于屠宰的畜禽可跨风险区从养殖场（户）“点对点”调运到屠宰场，调运途中不得卸载。

4.3 临床检查。检查牛群的精神状况、外貌、呼吸状态及排泄物状态等情况。

【解读】本条是对牛入场前健康状况检查的规定。

入场前查验人员必须登临车厢检查运输车辆上牛的健康状况。检测体温是否异常，从静态、动态等方面对其精神状况、外貌、呼吸状态、立卧姿势、排泄物状态进行检查，观察有无咳嗽、气喘、呻吟、流涎、孤立、便血等病态以及死亡牛。牛自然活动或被驱赶时观察其起立姿势、行动姿势、精神状态和排泄姿势。注意有无行动困难、肢体麻痹、步态蹒跚、跛行、屈背弓腰，离群掉队及运动后咳嗽或呼吸异常现象。

4.4 结果处理

4.4.1 合格。动物检疫合格证明有效、证物相符、畜禽标识符合要求、临床检查健康，方可入场，并回收动物检疫合格证明。场（厂、点）方须按产地分类将牛只送入待宰圈，不同货主、不同批次的牛只不得混群。

【解读】本条是对入场监督查验合格条件及处理方式的规定。

经入场查验合格，准许入场后，应做如下工作：一是回收本批牛的动物检疫合格证明，做好记录，归档，保存10年以上；二是待宰牛送入待宰圈时，注意不同货主、不同批次不得混群，对宰前检查发现有问题的牛，以便于追溯和无害化处理，防止疫情扩散。

4.4.2 不合格。不符合条件的，按国家有关规定处理。

【解读】本条是对入场检查不符合条件牛处理的规定。

有下列情形之一的均属于不合格：①无有效的检疫合格证明的；②证物不相符的；③畜禽标识不符合国家规定的；④临床检查不合格的；⑤从禁止调运区违规调运的；⑥发现其他违法违规调运行为的；⑦其他不符合国家规定的情形。

实验室检测确认为本规程规定疫病的，在官方兽医监督下按照

《病死及病害动物无害化处理技术规范》进行处理。

4.5 消毒。监督货主在卸载后对运输工具及相关物品等进行消毒。

【解读】本条是对卸载后运输工具及相关物品消毒的规定。

（1）对运载工具进行有效消毒的义务主体是畜主或承运人，县级以上地方人民政府农业农村主管部门或动物卫生监督机构施行监督职能。

（2）目前国家还没有相关消毒规范，可参照《非洲猪瘟防控手册》中对运载工具消毒的操作规范执行，但应根据不同疫病选择适合的消毒剂。

5 检疫申报

5.1 申报受理。场（厂、点）方应在屠宰前6小时申报检疫，填写检疫申报单。官方兽医接到检疫申报后，根据相关情况决定是否予以受理。受理的，应当及时实施宰前检查；不予受理的，应说明理由。

【解读】本条是对屠宰检疫申报时限及是否受理情形的规定。

（1）申报时限 屠宰动物应当提前6小时向所在地动物卫生监督机构申报检疫，急宰动物可以随时申报。实施检疫申报是为了更好地调配资源，有充足的准备时间，给动物足够的静养时间。

（2）申报条件 货主申报检疫时，应填写检疫申报单。检疫申报单包括货主姓名，联系电话，报检动物种类、数量及单位、来源、用途，申报时间，货主签字盖章等信息。检疫申报单是检疫申报的凭证，检疫人员可以通过检疫申报单提前了解报检动物相关信息，从而提高检疫效率。

（3）申报主体 屠宰场（厂、点）。

（4） 不予受理的，驻场官方兽医应向申报主体说明缘由。如未达到规定静养时间，或静养期间出现异常情形等。

5.2 申报方式：现场申报。

【解读】本条是对屠宰检疫申报受理方式的规定。

申报受理方式为现场申报，有条件的也可以通过电话、传真、网络等方式申报。申报数量应与检疫数量一致。

6 宰前检查

6.1 屠宰前2小时内，官方兽医应按照《反刍动物产地检疫规程》中“临床检查”部分实施检查。

【解读】本条是对宰前检查时限及检查内容的规定。

屠宰前2小时内实施宰前临床检查。宰前检查包括群体检查和个体检查。群体检查是指对待宰动物群体进行临床检查。检查时以群为单位，包括静态、动态和饮食状态检查。主要检查牛群体精神状况，外貌、呼吸状态、运动状态、饮水情况及排泄物状态等。个体检查，一是对群体检查时发现异常的个体进行检查，二是抽检群体的5%～20%进行检查。主要检查牛个体精神状况、体温、呼吸、皮肤、被毛、可视黏膜、胸廓、腹部及体表淋巴结，排泄动作及排泄物性状等。

宰前临床检查应注意观察有无口蹄疫临床特征，发现牛口腔、蹄部、乳房皮肤处可见水疱、烂斑、溃疡的，应怀疑感染口蹄疫。

6.2 结果处理

6.2.1 合格的，准予屠宰。

【解读】本条是对宰前检查合格牛处理的规定。

官方兽医宰前临床检查和违禁物质抽检合格的（厂家自检，官方兽医抽检），准予屠宰。

6.2.2 不合格的，按以下规定处理。

【解读】本条是对宰前检查不合格牛处理的规定。

宰前临床检查发现疑似患病牛的，根据本条规定实施分类处理。经实验室检测，确定患有本规程规定疫病或本规程规定疫病以外其他疫病的，按照相应疫病防治技术规范进行处理；无防治技术规范的，按照一、二、三类动物疫病防治要求处理。

6.2.2.1 发现有口蹄疫、牛传染性胸膜肺炎、牛海绵状脑病及炭疽等疫病症状的，限制移动，并按照《动物防疫法》《重大动物疫情应急条例》《动物疫情报告管理办法》和《病害动物和病害动物产品生物安全处理规程》（GB 16548）等有关规定处理。

【解读】本条是对宰前检查发现有口蹄疫、牛传染性胸膜肺炎、牛海绵状脑病及炭疽等疫病症状如何处理的规定。

《动物疫情报告管理办法》已被《农业农村部关于做好动物疫情报告等有关工作的通知》（农医发〔2018〕22号）替代；《病害动物和病害动物产品生物安全处理规程》（GB 16548—2006）已经废止，执行《病死及病害动物无害化处理技术规范》（农医发〔2017〕25号）。

发现有口蹄疫、牛传染性胸膜肺炎、牛海绵状脑病及炭疽等疫病症状的，应做好以下工作：

1. 疫情报告

检疫过程中发现有口蹄疫、牛传染性胸膜肺炎、牛海绵状脑病及炭疽等疫病症状的，屠宰企业或官方兽医应根据《动物防疫法》《重大动物疫情应急条例》《农业农村部关于做好动物疫情报告等有关工作的通知》（农医发〔2018〕22号）的规定，立即向当地动物疫病预防控制机构报告，并采取隔离等控制措施，防止动物疫情扩散。

2. 采取措施

（1）封锁现场，禁止疑似染疫牛、病死牛、同群牛及运输工具移动。

（2）停止人流物流，停止易感动物收购，停止生产。限制人员移动，禁止出入现场。

（3）对病死牛，排泄物，被污染的饲料、垫料、污水进行无害化处理。

（4）对被污染的物品、用具、圈舍、场地进行严格消毒。

3. 配合诊断

发现待宰牛疑似染疫时，封锁现场，禁止疑似染疫牛及运输工具移动，同群无症状牛隔离观察。配合当地动物疫病预防控制机构进行采样、流行病学调查。确诊后按照相应的防治技术规范划定疫点、疫区、受威胁区，扑杀并销毁染疫动物和易感动物及其产品。

4. 无害化处理

（1）根据《病死及病害动物无害化处理技术规范》规定，下列情形须无害化处理：

①国家规定的染疫动物及其产品；

②病死或者死因不明的动物尸体；

③屠宰前确认的病害动物；

④屠宰过程中经检疫或肉品品质检验确认为不可食用的动物产品；

⑤其他应当进行无害化处理的动物及动物产品。

（2）无害化处理方法及适用范围

①焚烧法；

②化制法（适用于除去患有炭疽等芽孢杆菌类疫病动物及产品、组织以外的处理）；

③高温法（同化制法）；

④深埋法（适用于发生动物疫情或自然灾害等突发事件时病死及病害动物的应急处理，以及边远和交通不便地区零星病死畜禽的处理。不得用于患有炭疽等芽孢杆菌类疫病动物及产品、组织的处

理）；

⑤化学处理法（硫酸分解法适用同化制法，化学消毒法适用于被病原微生物污染或可疑被污染的动物皮毛消毒）。

值得注意的是，炭疽参照一类动物疫病处理方式。需要注意的是，由于炭疽杆菌暴露在空气中会形成芽孢，抵抗力极强不易杀死，易形成永久性疫源地，因此严禁剖检炭疽感染牛和疑似炭疽病牛，患有炭疽等芽孢杆菌类疫病无害化处理时，只能用焚烧法，不得使用化制法、高温法、深埋法以及化学处理法。

（3）无害化处理的责任主体 无害化处理的责任主体是畜主。在无害化处理过程中，县级以上地方人民政府农业农村主管部门或动物卫生监督机构应当全程监督畜主直接进行无害化处理或者畜主委托无害化处理企业进行无害化处理，要求畜主或者无害化处理企业做好无害化处理记录。动物卫生监督机构做好监督记录。

6.2.2.2 发现有布鲁氏菌病、牛结核病、牛传染性鼻气管炎等疫病症状的，病牛按相应疫病的防治技术规范处理，同群牛隔离观察，确认无异常的，准予屠宰。

【解读】本条是对宰前检查过程中发现有布鲁氏菌病、牛结核病、牛传染性鼻气管炎等疫病症状如何处理的规定。

发现有布鲁氏菌病、牛结核病、牛传染性鼻气管炎等疫病症状的，应当及时向当地动物防疫监督机构报告。经实验室诊断确诊后，对患病动物全部扑杀，并做无害化处理。同群牛隔离观察，一般12小时以上，确认无异常的，准予屠宰。隔离期间出现异常，经实验室诊断确诊的，实施扑杀和无害化处理。对患病动物污染的场所、用具、物品严格进行消毒。

6.2.2.3 怀疑患有本规程规定疫病及临床检查发现其他异常情况的，按相应疫病防治技术规范进行实验室检测，并出具检测报告。实验室检测须由省级动物卫生监督机构指定的具有资质的实验室承担。

【解读】本条是对需要进行实验室检测疫病以及检测实验室的规定。

本规程规定疫病除口蹄疫外，多数在临床症状上并不具备典型临床特征，单一地依靠临床群体与个体检查很难发现患病动物或疑似患病动物。因此，需要结合入场前的查证验物，流行病学调查来综合分析判定。需要重点了解待宰牛的来源，是否来自或途经流行地区，是否进行过免疫接种，是否在保护期内等情况。对于已有快速检测试剂盒，具备检测能力的屠宰场，建议进行抽检，如未免疫牛可通过虎红平板凝集试验进行布鲁氏菌病抽检。

通过上述综合分析，怀疑患有本规程规定疫病的，委托具备检测能力和资质的实验室，按相应疫病防治技术规范进行实验室检测。目前颁布的防治技术规范有《口蹄疫防治技术规范》《炭疽防治技术规范》《结核病防治技术规范》《布鲁菌病防治技术规范》。其他疫病实验室检测可参考相关标准执行。

6.2.2.4 发现患有本规程规定以外疫病的，隔离观察，确认无异常的，准予屠宰；隔离期间出现异常的，按《病害动物和病害动物产品生物安全处理规程》（GB 16548）等有关规定处理。

【解读】本条是对发现患有本规程规定以外疫病处理的规定。

宰前检查发现患有本规程规定以外动物疫病的，应隔离观察。

对于一些对人体危害小，传播能力有限，对畜牧业发展影响较小的疫病，经隔离观察确认无异常的，准予屠宰。隔离观察期间死亡的，做无害化处理，对污染的场所、用具、物品严格进行消毒。

本规程规定疫病外，牛可感染的一、二、三类动物疫病还有：

一类动物疫病：牛瘟；

二类动物疫病：狂犬病、蓝舌病、棘球蚴病、牛结节性皮肤病、牛结核病等；

三类动物疫病：伪狂犬病、轮状病毒感染、产气荚膜梭菌病、大肠杆菌病、巴氏杆菌病、沙门氏菌病、李氏杆菌病、链球菌病、溶血性曼氏杆菌病、副结核病、类鼻疽、支原体病、衣原体病、附红细胞体病、Q热、钩端螺旋体病、东毕吸虫病、囊尾蚴病、片形吸虫病、旋毛虫病、血矛线虫病、弓形虫病、伊氏锥虫病、隐孢子虫病、牛病毒性腹泻、牛恶性卡他热、地方流行性牛白血病、牛流行热、牛冠状病毒感染、牛赤羽病、牛生殖道弯曲杆菌病、毛滴虫病、牛梨形虫病、牛无浆体病等。

值得注意的是，检疫过程中发现本规程规定疫病以外的一类疫病或二、三类动物疫病呈暴发时，应按照《动物防疫法》《重大动物疫情应急条例》《农业农村部关于做好动物疫情报告等有关工作的通知》(农医发〔2018〕22号）相关规定，进行疫情报告，待宰动物隔离观察，待疫情确认后，按照一、二、三类动物疫病防控要求执行。

6.2.2.5 确认为无碍于肉食安全且濒临死亡的牛只，视情况进行急宰。

【解读】本条是对急宰牛的规定。

急宰是指对经宰前检查确认患无碍于肉食卫生的一般性疾病且

濒临死亡的牛，进行紧急屠宰。常见的急宰情形有：机械性损伤牛、应激反应导致濒临死亡的牛、消化系统或呼吸系统非传染性因素导致的濒临死亡牛等。急宰牛应凭急宰通知单进行屠宰。

死亡牛必须无害化处理。

6.3 监督场（厂、点）方对处理病牛的待宰圈、急宰间以及隔离圈等进行消毒。

【解读】本条是对病牛处理完毕后污染圈舍等场所及物品消毒的规定。

官方兽医应监督场（厂、点）方对待宰圈、急宰间以及隔离圈进行机械清扫、清洗及消毒。对圈舍、车辆、屠宰加工等场所，可采用消毒液清洗、喷洒等方式消毒。对屠宰场的饲料、垫料，可采用堆积发酵或者焚烧等方式处理，对粪便等污物作化学处理后采用深埋、堆积发酵或焚烧等方式处理。对生产厂区范围内的办公、工作人员的宿舍、公共食堂等场所，可采用喷洒方式消毒。对消毒产生的污水应进行无害化处理。

7 同步检疫

与屠宰操作相对应，对同一头牛的头、蹄、内脏、胴体等统一编号进行检疫。

【解读】本条是对同步检疫的相关规定。

将进入屠宰车间的每头牛的头、蹄、内脏、胴体等各部位实施统一编号。统一编号一方面便于联合诊断；另一方面便于发现疫病时可以找到同一头牛的各部位，进行无害化处理，进而溯源到疫病的发源地。

7.1 头蹄部检查

【解读】本条是对屠宰牛头蹄部检查的规定。

7.1.1 头部检查。检查鼻唇镜、齿龈及舌面有无水疱、溃疡、烂斑等；剖检一侧咽后内侧淋巴结和两侧下颌淋巴结，同时检查咽喉黏膜和扁桃体有无病变。

【解读】本条是对牛头部检查内容的规定。

采用视检的方法，检查鼻唇镜、齿龈、口腔及舌面有无水疱、溃疡、烂斑等；剖检一侧咽后内侧淋巴结和两侧下颌淋巴结，同时检查咽喉黏膜和扁桃体有无病变，重点检验有无口蹄疫病变。观察上下颌的状态，检查有无放线菌病病变；触摸舌体，必要时切开左右两侧的咬肌检查有无囊尾蚴，观察鼻部有无牛传染性鼻气管炎病灶。

检疫过程中发现鼻唇镜、齿龈及舌面有水疱、溃疡、烂斑等；结合临床检查发现口腔、蹄部、乳房皮肤等处存在水疱、烂斑、溃疡的，应怀疑感染口蹄疫。

检疫过程中发现牛上呼吸道黏膜炎症，鼻腔和气管黏膜上覆有黏脓性、恶臭的渗出物；结合临床检查存在咳嗽、气喘等症状的，应怀疑感染传染性鼻气管炎（彩图 4）。

7.1.2 蹄部检查。检查蹄冠、蹄叉皮肤有无水疱、溃疡、烂斑、结痂等。

【解读】本条是对牛蹄部检查内容的规定。

检查蹄冠、蹄叉部的皮肤有无水疱、溃疡、烂斑、结痂等。重点检查有无口蹄疫病变。

7.2 内脏检查。取出内脏前，观察胸腔、腹腔有无积液、粘连、纤维素性渗出物。检查心脏、肺脏、肝脏、胃肠、脾脏、肾脏，剖检肠系膜淋巴结、支气管淋巴结、肝门淋巴结，检查有无病变和其他异常。

【解读】本条是对内脏检查的规定。

本条是对内脏检疫的概括，主要围绕胸腔、腹腔、肠系膜淋巴结、心脏、肺脏、肝脏、脾脏、胃肠、支气管淋巴结、肝门淋巴结的病理变化进行检疫检查。

7.2.1 心脏。检查心脏的形状、大小、色泽及有无淤血、出血等。必要时剖开心包，检查心包膜、心包液和心肌有无异常。

【解读】本条是对心脏检查内容的规定。

用视检的方法，检查心脏的形状、大小、色泽及有无淤血、出血等。必要时剖开心包，检查心包膜、心包液及心肌，观察有无出血、脓肿、心内膜炎、寄生性病变以及肿瘤等。重点检查有无虎斑心，有无心丝虫、囊尾蚴等寄生虫。当发现心脏有神经纤维瘤时，应及时通知胴体检验人员，切检腋下神经丛（彩图 5）。

7.2.2 肺脏。检查两侧肺叶实质、色泽、形状、大小及有无淤血、出血、水肿、化脓、实变、结节、粘连、寄生虫等。剖检一侧支气管淋巴结，检查切面有无淤血、出血、水肿等。必要时剖开气管、结节部位。

【解读】本条是对肺脏检查内容的规定。

用检疫刀刮拭肺脏表面，视检肺脏大小、形状、色泽；用检疫钩（刀背）按压肺脏触检，观察有无坏死、萎陷、气肿、水肿、淤血、脓肿、实变、结节、纤维素性渗出物等；剖开一侧支气管淋巴结，充分暴露剖面，检查有无出血、淤血、肿胀、坏死等。必要时剖开肺实质及气管、结节部位，剖检左纵隔淋巴结，注意有无肿大、出血、干酪样病变和钙化灶。观察有无肺水肿、呛血、肺炎、脓肿、寄生虫与肿瘤等。注意检查有无结核病、传染性胸膜肺炎、牛传染性鼻气管炎、棘球蚴等病灶。

检疫过程中发现肺部呈大理石样变，肺与胸膜粘连，胸腔内有大量淡黄色积液，含有絮状纤维素物，出现浆液纤维素性胸膜炎。支气管淋巴结肿大2～3倍，切面多汁，呈黄白色，有坏死灶时，应怀疑感染牛传染性胸膜肺炎。

检疫过程中发现肺脏、乳房和胃肠黏膜等多种组织器官形成结核结节。结节大小不一，呈灰白或灰黄色，坚实，切面呈干酪样坏死或钙化或空洞时，应怀疑感染牛结核病（彩图6）。

7.2.3 肝脏。检查肝脏大小、色泽，触检其弹性和硬度，剖开肝门淋巴结，检查有无出血、淤血、肿大、坏死灶等。必要时剖开肝实质、胆囊和胆管，检查有无硬化、萎缩、日本血吸虫等。

【解读】本条是对肝脏检查内容的规定。

采用视检的方法检查肝脏大小、色泽、形状是否正常，注意有无淤血、出血、脓肿、坏死、结节、寄生虫等。利用触诊法，检查肝脏的弹性和硬度。必要时剖开肝实质、胆囊、胆管，检查有无肝硬化、萎缩和寄生虫等。肝脏常见的病变有脂肪变性、坏死、肝硬化、肝脓肿、寄生虫结节和肿瘤等。注意检查有无日本血吸虫。

检疫过程中发现肝脏和肠壁有粟粒大或高粱米大的虫卵结节，肠系膜下静脉寄生成虫，肠壁血管末梢黏膜和黏膜下层虫卵排列成堆，伴有肠系膜淋巴结和脾脏肿大时，应怀疑感染日本血吸虫（彩图 7）。

7.2.4 肾脏。检查其弹性和硬度及有无出血、淤血等。必要时剖开肾实质，检查皮质、髓质和肾盂有无出血、肿大等。

【解读】本条是对肾脏检查内容的规定。

采用视诊的方法，检查肾脏的色泽、大小和形状，触诊肾脏的弹性和硬度，注意观察有无出血、淤血、变性、囊肿、肿瘤等病变。必要时剖开肾实质，检查有无出血、肿胀、萎缩、梗死、肾盂积液、肿瘤等（彩图 8）。

7.2.5 脾脏。检查弹性、颜色、大小等。必要时剖检脾实质。

【解读】本条是对脾脏检查内容的规定。

采用视诊的方法，检查脾脏的色泽、大小和形状。触诊脾脏弹性。注意检查脾脏有无急性肿大，被膜紧张易破，质地酥软，脾髓暗黑，流出暗红色似煤焦油状血液等炭疽病的特征性病变。如有上述特征性病变，应怀疑感染炭疽杆菌（彩图9）。

7.2.6 胃和肠。检查肠袢、肠浆膜，剖开肠系膜淋巴结，检查形状、色泽及有无肿胀、淤血、出血、粘连、结节等。必要时剖开胃肠，检查内容物、黏膜及有无出血、结节、寄生虫等。

【解读】本条是对胃和肠检查内容的规定。

采用视诊的方法，检查胃和肠的外形，检查浆膜和肠系膜，注意浆膜面上有无淡褐色绒毛状或结节状增生物，有无充血、出血、淤血、粘连等病变。剖检肠系膜淋巴结，检查形状、色泽，注意有无肿大、出血、淤血、干酪样变等病理变化。必要时剖开胃肠，检查内容物、黏膜，注意有无出血、结节、寄生虫等。如果头蹄部检查存在口蹄疫病变可疑时，应注意检查胃部，并剖检胃浆膜部位的淋巴结（彩图10）。

7.2.7 子宫和睾丸。检查母牛子宫浆膜有无出血，黏膜有无黄白色或干酪样结节。检查公牛睾丸有无肿大，睾丸、附睾有无化脓、坏死灶等。

【解读】本条是对子宫和睾丸检查内容的规定。

采用视诊的方法，检查母牛子宫浆膜和黏膜的色泽，触诊质地，注意浆膜有无出血，黏膜有无黄白色或干酪样结节（彩图11）。检查公牛睾丸有无肿大，睾丸、附睾有无化脓灶、坏死灶。

重点检查有无布鲁氏菌病病变。

7.3 胴体检查

【解读】本条是对胴体检查的规定。

7.3.1 整体检查。检查皮下组织、脂肪、肌肉、淋巴结以及胸腔、腹腔浆膜有无淤血、出血、疹块、脓肿和其他异常等。

【解读】本条是对整体检查内容的规定。

采用视检的方法，检查胴体整体和四肢有无异常。检查时从上至下、由表及里，仔细观察皮下组织、脂肪、肌肉、胸腔和腹腔浆膜、淋巴结等组织有无水肿、淤血、出血、疹块、脓肿和其他异常情况。注意胴体放血程度是否良好，有无脂肪坏死和黄染现象；臀部有无注射痕迹，腰背部和前胸有无寄生性病变；有无腹膜炎，胸腹腔有无结核结节。最后观察颈部有无血污和其他污染。

7.3.2 淋巴结检查

【解读】本条是对淋巴结检查的规定。

主要剖检颈浅淋巴结、髂下淋巴结，必要时剖检腹股沟深淋巴结。

7.3.2.1 颈浅淋巴结。在肩关节前稍上方剖开臂头肌、肩胛横突肌下的一侧颈浅淋巴结，检查切面形状、色泽及有无肿胀、淤血、出血、坏死灶等。

【解读】本条是对颈浅淋巴结检查的规定。

用检验钩钩住前肢肌肉并向下侧方拉拽以固定胴体，在肩关节前稍上方剖开臂头肌、肩胛横突肌下的一侧颈浅淋巴结，检查切面形状、色泽，注意有无肿胀、淤血、出血、坏死、化脓、干酪变性和钙化结节等病变。

7.3.2.2 髂下淋巴结。剖开一侧淋巴结，检查切面形状、色泽、大小及有无肿胀、淤血、出血、坏死灶等。

【解读】本条是对髂下淋巴结检查的规定。

在膝关节的前上方、阔筋膜张肌前缘膝褶内侧脂肪层剖开一侧髂下淋巴结，检查切面形状、色泽、大小，注意有无肿胀、淤血、出血、坏死灶等病变。

7.3.2.3 必要时剖检腹股沟深淋巴结。

【解读】本条是对腹股沟深淋巴结检查的规定。

当发现淋巴结有可疑病变时，或在头部、内脏发现有传染病可疑或疫病全身化时，除对同号胴体进行详细检查外，还须剖检颈深淋巴结、腰淋巴结等，注意有无肿大、出血、淤血、化脓、坏死等变化。

7.4 复检。官方兽医对上述检疫情况进行复查，综合判定检疫结果。

【解读】本条是对复检的规定。

牛胴体劈半后，检疫人员对上述所有检验点的检疫情况进行一次全面复查，检查有无漏检。同时检查肌肉组织有无水肿、变性等变化，膈肌有无肿瘤和白血病病变，椎骨中有无化脓灶和钙化灶。最后综合检疫情况，判定检疫结果。

7.5 结果处理

7.5.1 合格的，由官方兽医出具动物检疫合格证明，加盖检疫验讫印章，对分割包装的肉品加施检疫标志。

【解读】本条是对检疫合格肉品处理的规定。

检疫合格的，由官方兽医出具动物检疫合格证明，加盖检疫验讫印章，无法加盖加施检疫标识的，对分割包装的肉品加施检疫标志。动物检疫合格证明双联打印，一联作为检疫记录保存10年以上。

7.5.2 不合格的，由官方兽医出具动物检疫处理通知单，并按以下规定处理。

【解读】本条是对检疫不合格肉品处理的规定。

经检疫不合格的，转入疑似疫病产品的专用轨道，避免与检疫合格产品接触，降低传染的风险，由官方兽医出具动物检疫处理通知单，并按下款规定处理。

7.5.2.1 发现患有本规程规定疫病的，按6.2.2.1、6.2.2.2和有关规定处理。

【解读】本条是对患有本规程规定疫病处理的规定。

发现有口蹄疫、牛传染性胸膜肺炎、牛海绵状脑病及炭疽等疫病症状的，应立即向当地动物疫病预防控制机构报告疫情，并采取隔离等控制措施，防止动物疫情扩散。配合当地动物疫病预防控制机构进行采样、流行病学调查。确诊后按照相应的防治技术规范划定疫点、疫区、受威胁区，扑杀并销毁染疫动物和易感动物及其产品。对污染的场所和用具进行全面消毒。

发现有布鲁氏菌病、牛结核病、牛传染性鼻气管炎等疫病症状的，应当及时向当地动物防疫监督机构报告。经实验室诊断确诊后，对患病动物全部扑杀，并做无害化处理。同群牛隔离观察，确认无异常的，准予屠宰。隔离期间出现异常，实施扑杀和无害化处理。对患病动物污染的场所、用具、物品严格进行消毒。

7.5.2.2 发现患有本规程规定以外疫病的，监督场（厂、点）方对病牛胴体及副产品按《病害动物和病害动物产品生物安全处理规程》（GB 16548）处理，对污染的场所、器具等按规定实施消毒，并做好《生物安全处理记录》。

【解读】本条是对患有本规程规定以外疫病处理的规定。

发现患有本规程规定以外动物疫病的，官方兽医监督场（厂、点）方对病牛胴体及副产品按《病死及病害动物无害化处理技术规范》处理。对污染的场所、器具等按规定实施消毒，可参照《非洲猪瘟防控手册》中关于消毒的操作规范执行，但应根据不同疫病选择适合的消毒剂，并做好记录。值得一提的是，本条规定所指疫病是指那些传播能力强，对人和动物危害较大，对畜牧业发展影响较大的疫病。如果不进行无害化处理，极易给畜牧业发展和公共卫生安全带来较大隐患。

7.5.3 监督场（厂、点）方做好检疫病害动物及废弃物无害化处理。

【解读】本条是对监督场（厂、点）方做好检出的病害动物、动物产品及废弃物无害化处理的规定。

驻场官方兽医监督场（厂、点）方做好检出病害动物、动物产品及废弃物的无害化处理。肉牛屠宰场废弃物主要是瘤胃内容物、血水、粪便、毛等。无害化处理的责任主体为屠宰场（厂、点）。

7.6 官方兽医在同步检疫过程中应做好卫生安全防护。

【解读】本条是对官方兽医在同步检疫过程中应做好卫生安全防护的规定。

官方兽医在同步检疫过程中，对所有可能具有传染性的牛产品和检疫相关工具接触时必须做好卫生安全防护。应从以下几个方面进行考虑：一是保证检疫操作处光线充足；二是在岗位中佩戴相应手套、口罩和防渗透性能的围裙，防止气溶胶性感染；三是操作完毕后立即洗手，并进行消毒；四是避免检疫工具的误伤，做好工具的消毒；五是加强水电设施安全管理；六是屠宰场应该做好医疗事故应急准备。

8 检疫记录

8.1 官方兽医应监督指导屠宰场（厂、点）方做好待宰、急宰、生物安全处理等环节各项记录。

【解读】本条是对官方兽医监督指导屠宰场（厂、点）方做好各环节记录的规定。

官方兽医应监督指导屠宰场（厂、点）方做好各环节的记录工作，实现屠宰各环节有迹可循。记录内容应当包括但不限于以下内容：畜主、牛耳标号、数量、检疫结果、处理方式、处理人、处理结果、记录人、记录时间等。

8.2 官方兽医应做好入场监督查验、检疫申报、宰前检查、同步检疫等环节记录。

【解读】本条是对官方兽医做好各环节记录的规定。

记录包括活畜入场日登记表、检疫申报单、宰前检查日登记表、同步检疫日登记表、检疫处理通知单等。

8.3 检疫记录应保存 10 年以上。

【解读】本条是对检疫记录保存时间的规定。

各项检疫记录应当保存 10 年以上。目的是产品可追溯，检疫工作有痕迹。为了便于疫病防控追溯，方便保存与调阅，建议采用电子和纸质两种记录。

CHAPTER

第三部分 03

《羊屠宰检疫规程》解读

1 适用范围

本规程规定了羊进入屠宰场（厂、点）监督查验、检疫申报、宰前检查、同步检疫、检疫结果处理以及检疫记录等操作程序。

本规程适用于中华人民共和国境内羊的屠宰检疫。

【解读】本条是对羊屠宰检疫程序及适用范围的规定。

本规程规定的屠宰场是指依照法律法规规定，符合动物防疫条件并依法取得动物防疫条件合格证和屠宰资质等资格的屠宰企业。农村地区自宰自食的除外。

屠宰检疫必须按照法定的检疫程序开展，只有按照法定的检疫程序，检疫结果才是有效的。

本规程不适用于香港特别行政区和澳门特别行政区，香港特别行政区和澳门特别行政区依照特别行政区基本法规定执行。

2 检疫对象

口蹄疫、痒病、小反刍兽疫、绵羊痘和山羊痘、炭疽、布鲁氏菌病、肝片吸虫病、棘球蚴病。

【解读】本条是对羊屠宰检疫中检疫对象的规定。

检疫对象就是国务院兽医管理部门依照法律授权，根据我国动物防疫工作的实际需要和技术条件，确定并公布的需要检疫的特定动物疫病。检疫对象应当符合几个方面的特征：列入《一、二、三类动物疫病病种名录》，国家重点防控的动物疫病，检疫检验的技术成熟，已经制定出检疫标准或规程。

本规程规定的检疫对象有8种，其中一类动物疫病3种，包括口蹄疫、小反刍兽疫、痒病；二类动物疫病4种，包括炭疽、布鲁氏菌病、棘球蚴病、绵羊痘和山羊痘；三类动物疫病1种，为肝片吸虫病（根据农业农村部第573号公告，肝片吸虫病更名为片形吸虫病）。

3 检疫合格标准

【解读】本条是对检疫合格标准的规定。

羊屠宰检疫合格的标准需符合3.1～3.4要求。

3.1 入场（厂、点）时，具备有效的动物检疫合格证明，畜禽标识符合国家规定。

【解读】本条是对入场羊所附证明和标识查验的规定。

本条所述规定指《动物防疫法》《畜牧法》《畜禽标识和养殖档案管理办法》等有关动物检疫合格证明、畜禽标识的规定。

1. 有效的动物检疫合格证明包括形式有效和内容有效

形式有效是指检疫证明必须是农业农村部统一监制样本，格式统一；内容有效指所填检疫证明内容与运输动物种类、数量、畜禽标识、健康状况一致。出具的动物检疫合格证明需官方兽医手写签字，并加盖检疫专用章。

常见的无效检疫合格证明通常有以下情形：

（1）超过有效期的；

（2）耳标号与运输羊佩戴耳标不符的；

（3）动物种类、数量与实际不符的；

（4）动物检疫合格证明与出证系统信息不符的；

（5）转让、伪造或变造的检疫证明，其中变造检疫证明是指采用剪贴、挖补、涂改、拼接等方法改变检疫证明已有项目或内容的行为；

（6）实行电子出证省份手写的检疫证明。

2. 畜禽标识符合国家规定指必须佩戴经国家批准使用的有效耳标，与检疫证明信息相符

《畜牧法》规定，畜禽养殖者应当按照国家关于畜禽标识管理的规定，在应当加施标识的畜禽指定部位加施标识，畜禽标识不得重复使用。羊在左耳中部加施畜禽标识，需要再次加施畜禽标识的，在右耳中部加施。《动物防疫法》规定，禁止持有、使用伪造或者变造的检疫证明、检疫标志和畜禽标识。《畜禽标识和养殖档案管理办法》规定，畜禽标识是指经农业农村部批准使用的耳标、电子标签、脚环以及其他承载畜禽信息的标识物。畜禽标识实行一畜一标，编码应当具有唯一性。畜禽标识编码由畜禽种类代码、县级行政区域代码、标识顺序号共 15 位数字及专用条码组成。羊的畜禽种类代码为 3。编码形式为：3（种类代码）－××××××（县级行政区域代码）－××××××××（标识顺序号）。

3.2 无规定的传染病和寄生虫病。

【解读】本条是对羊屠宰检疫中有关传染病和寄生虫病的规定。

本条所述无规定的传染病和寄生虫病是指没有本规程规定的 8

种检疫对象，即口蹄疫、痒病、小反刍兽疫、绵羊痘和山羊痘、炭疽、布鲁氏菌病、肝片吸虫病、棘球蚴病。其中一类疫病4种，人畜共患病4种，如果不严格检疫、控制，将会给畜牧业生产带来巨大损失和造成严重的公共卫生安全隐患。

3.3 需要进行实验室疫病检测的，检测结果合格。

【解读】本条是对羊屠宰检疫中有关实验室检测的规定。

农业农村部规定需进行实验室疫病检测或者快速检测的病种和违禁物质，检测结果应合格。按本规程6.2.2.3的规定，怀疑患有本规程规定疫病及临床检查发现有其他异常情况的，也需进行实验室疫病检测，检测结果应合格。

3.4 履行本规程规定的检疫程序，检疫结果符合规定。

【解读】本条是对检疫合格需满足的程序和结果要求的规定。

检疫程序合格指羊屠宰检疫按照入场（厂、点）监督查验、检疫申报、宰前检查、同步检疫、检疫结果处理以及检疫记录的程序依次展开。

检疫结果符合规定指结果合格，没有本规程规定的6种传染病和2种寄生虫病。

4 入场（厂、点）监督查验

4.1 查证验物。查验入场（厂、点）羊的动物检疫合格证明和佩戴的畜禽标识。

【解读】本条是对屠宰羊入场查证验物的规定。

查证验物是指查验动物检疫合格证明是否有效，检查羊耳标的佩戴情况和数量等是否相符。

《动物检疫管理办法》规定，官方兽医应当查验进场动物附具的动物检疫合格证明和佩戴的畜禽标识，检查待宰动物健康状况，对疑似染疫的动物进行隔离观察。

有效的检疫证明和畜禽标识，详见 3.1【解读】。

4.2 询问。了解羊只运输途中有关情况。

【解读】本条是对询问羊运输途中有关情况的规定。

询问承运人的内容应包括运输羊的数量、运载时间、起运地点、运载路径、车辆清洗、消毒以及运输过程中染疫、病死、死因不明羊及处置情况。

《中华人民共和国农业农村部公告第 2 号》规定，用于屠宰的畜禽可跨风险区从养殖场（户）“点对点”调运到屠宰场，调运途中不得卸载。

4.3 临床检查。检查羊群的精神状况、外貌、呼吸状态及排泄物状态等情况。

【解读】本条是对羊入场前健康状况检查的规定。

入场前查验人员必须登临车厢检查运输车辆上羊的健康状况。检测体温是否异常，从静态、动态等方面对其精神状况、外貌、呼吸状态、立卧姿势、排泄物状态进行检查，观察有无咳嗽、气喘、呻吟、流涎、孤立、便血等病态以及死亡羊。羊自然活动或被驱赶时观察其起立姿势、行动姿势、精神状态和排泄姿势。注意有无行动困难、肢体麻痹、步态蹒跚、跛行、屈背弓腰，离群掉队及运动后咳嗽或呼吸异常现象。

4.4 结果处理

4.4.1 合格。动物检疫合格证明有效、证物相符、畜禽标识符合要求、临床检查健康，方可入场，并回收动物检疫合格证明。场（厂、点）方须按产地分类将羊只送入待宰圈，不同货主、不同批次的羊只不得混群。

【解读】本条是对入场监督查验合格条件及处理方式的规定。

经入场查验合格，准许入场后，应做如下工作：一是回收本批羊的动物检疫合格证明，做好记录，归档，保存 12 个月以上；二是待宰羊送入待宰圈时，注意不同货主、不同批次不得混群，对宰前检查发现有问题的羊，以便于追溯和无害化处理，防止疫情扩散。

4.4.2 不合格。不符合条件的，按国家有关规定处理。

【解读】本条是对羊入场检查不符合条件处理的规定。

有下列情形之一的均属于不合格：①无有效的检疫合格证明的；②证物不相符的；③畜禽标识不符合国家规定的；④临床检查不合格的；⑤从禁止调运区违规调运的；⑥发现其他违法违规调运行为的；⑦其他不符合国家规定的情形。

实验室检测确认为本规程规定疫病的，在官方兽医监督下按照《病死及病害动物无害化处理技术规范》进行处理。

4.5 消毒。监督货主在卸载后对运输工具及相关物品等进行清洗消毒。

【解读】本条是对卸载后运输工具及相关物品消毒的规定。

（1）对运载工具进行有效消毒的义务主体是畜主或承运人，县级以上地方人民政府农业农村主管部门或动物卫生监督机构施行监督职能。

（2）目前国家还没有相关消毒规范，可参照《非洲猪瘟防控手册》中对运载工具消毒的操作规范执行，但应根据不同疫病选择适合的消毒剂。

5 检疫申报

5.1 申报受理。场（厂、点）方应在屠宰前6小时申报检疫，填写检疫申报单。官方兽医接到检疫申报后，根据相关情况决定是否予以受理。受理的，应当及时实施宰前检查；不予受理的，应说明理由。

【解读】本条是对屠宰检疫申报时限及是否受理情形的规定。

（1）申报时限 屠宰动物应当提前6小时向所在地动物卫生监督机构申报检疫，急宰动物可以随时申报。实施检疫申报是为了更好地调配资源，有充足的准备时间，给动物足够的静养时间。

（2）申报条件 货主申报检疫时，应填写检疫申报单。检疫申报单包括货主姓名，联系电话，报检动物种类、数量及单位、来源、用途，申报时间，货主签字盖章等信息。检疫申报单是检疫申报的凭证，检疫人员可以通过检疫申报单提前了解报检动物相关信息，从而提高检疫效率。

（3）申报主体 屠宰场（厂、点）。

（4）不予受理的，驻场官方兽医应向申报主体说明缘由，如未达到规定静养时间，或静养期间出现异常情形等。

5.2 申报方式：现场申报。

【解读】本条是对屠宰检疫申报受理方式的规定。

申报受理方式为现场申报，有条件的也可以通过电话、传真、网络等方式申报。申报数量应与检疫数量一致。

6 宰前检查

6.1 屠宰前2小时内，官方兽医应按照《反刍动物产地检疫规程》中“临床检查”部分实施检查。

【解读】本条是对宰前检查时限及检查内容的规定。

宰前检查包括群体检查和个体检查。群体检查是指对待宰动物群体进行临床检查。检查时以群为单位，包括静态、动态和饮食状态检查。主要检查羊群体精神状况、外貌、呼吸状态、运动状态、饮水情况及排泄物状态等。个体检查，一是对群体检查时发现异常的个体进行检查，二是抽检群体的5%～20%进行检查。主要检查羊个体精神状况、体温、呼吸、皮肤、被毛、可视黏膜、胸廓、腹部及体表淋巴结，排泄动作及排泄物性状等。

宰前临床检查应注意观察有无检疫对象的临床特征。发现羊口腔、蹄部、乳房皮肤处可见水疱、烂斑、溃疡的，应怀疑感染口蹄疫；发现局部皮肤形成痘疹，呼吸道黏膜可见出血性炎症，口腔出现大小不等、扁平的灰白色痘疹，应怀疑感染绵羊痘和山羊痘；发现羊黏膜发绀、天然孔出血，血液呈暗红色或黑红色，皮下、咽喉有出血和胶样浸润，淋巴结肿大，应怀疑感染炭疽。

6.2 结果处理

6.2.1 合格的，准予屠宰。

【解读】本条是对宰前检查合格羊处理的规定。

官方兽医宰前临床检查和违禁物质抽检合格的（厂家自检，官方兽医抽检），准予屠宰。

6.2.2 不合格的，按以下规定处理。

【解读】本条是对宰前检查不合格羊处理的规定。

宰前临床检查发现疑似患病羊的，根据本条规定实施分类处理。经实验室检测，确定患有本规程规定疫病或本规程规定疫病以外其他疫病的，按照相应疫病防治技术规范进行处理；无防治技术规范的，按照一、二、三类动物疫病防治要求处理。

6.2.2.1 发现有口蹄疫、痒病、小反刍兽疫、绵羊痘和山羊痘、炭疽等疫病症状的，限制移动，并按照《动物防疫法》《重大动物疫情应急条例》《动物疫情报告管理办法》和《病害动物和病害动物产品生物安全处理规程》（GB 16548）等有关规定处理。

【解读】本条是对宰前检查发现有口蹄疫、痒病、小反刍兽疫、绵羊痘和山羊痘、炭疽等疫病症状处理的规定。

《动物疫情报告管理办法》已被《农业农村部关于做好动物疫情报告等有关工作的通知》（农医发〔2018〕22号）替代；《病害动物和病害动物产品生物安全处理规程》（GB 16548—2006）已经废止，执行《病死及病害动物无害化处理技术规范》（农医发〔2017〕25号）。

发现有口蹄疫、痒病、小反刍兽疫、绵羊痘和山羊痘、炭疽等疫病症状的，应做好以下工作：

1. 疫情报告

检疫过程中发现有口蹄疫、痒病、小反刍兽疫、绵羊痘和山羊痘、炭疽等疫病症状的，屠宰企业或官方兽医应根据《中华人民共和国动物防疫法》《重大动物疫情应急条例》《农业农村部关于做好动物疫情报告等有关工作的通知》（农医发〔2018〕22号）的规定，立即向当地动物疫病预防控制机构报告，并采取隔离等控制措施，防止动物疫情扩散。

2. 采取措施

（1）封锁现场，禁止疑似染疫羊、病死羊、同群羊及运输工具移动。

（2）停止人流物流，停止易感动物收购，停止生产。限制人员移动，禁止出入现场。

（3）对病死羊，排泄物，被污染的饲料、垫料、污水进行无害化处理。

（4）对被污染的物品、用具、圈舍、场地进行严格消毒。

3. 配合诊断

发现待宰羊疑似染疫时，封锁现场，禁止疑似染疫羊及运输工具移动，同群无症状羊隔离观察。配合当地动物疫病预防控制机构进行采样、流行病学调查。确诊后按照相应的防治技术规范划定疫点、疫区、受威胁区，扑杀并销毁染疫动物和易感动物及其产品。

4. 无害化处理

（1）根据《病死及病害动物无害化处理技术规范》规定，下列情形须无害化处理：

①国家规定的染疫动物及其产品；

②病死或者死因不明的动物尸体；

③屠宰前确认的病害动物；

④屠宰过程中经检疫或肉品品质检验确认为不可食用的动物产品；

⑤其他应当进行无害化处理的动物及动物产品。

（2）无害化处理方法及适用范围

①焚烧法；

②化制法（适用于除去患有炭疽等芽孢杆菌类疫病动物及产品、组织以外的处理）；

③高温法（同化制法）；

④深埋法（适用于发生动物疫情或自然灾害等突发事件时病死及病害动物的应急处理，以及边远和交通不便地区零星病死畜禽的处理。不得用于患有炭疽等芽孢杆菌类疫病动物及产品、组织的处理）；

⑤化学处理法（硫酸分解法适用同化制法，化学消毒法适用于被病原微生物污染或可疑被污染的动物皮毛消毒）。

值得注意的是，炭疽参照一类动物疫病处理方式。由于炭疽杆菌暴露在空气中会形成芽孢，抵抗力极强不易杀死，易形成永久性疫源地。因此，严禁剖检炭疽感染羊和疑似炭疽病羊，患有炭疽等芽孢杆菌类疫病无害化处理时，只能用焚烧法，不得使用化制法、高温法、深埋法以及化学处理法。

（3）无害化处理的责任主体 无害化处理的责任主体是畜主。在无害化处理过程中，县级以上地方人民政府农业农村主管部门或动物卫生监督机构应当全程监督畜主直接进行无害化处理或者畜主委托无害化处理企业进行无害化处理，要求畜主或者无害化处理企业做好无害化处理记录。动物卫生监督机构做好监督记录。

6.2.2.2 发现有布鲁氏菌病症状的，病羊按布鲁氏菌病防治技术规范处理，同群羊隔离观察，确认无异常的，准予屠宰。

【解读】本条是对发现有羊布鲁氏菌病症状处理的规定。

发现有布鲁氏菌病症状的，患病羊按照《病死及病害动物无害化处理技术规范》的规定进行扑杀、无害化处理。同群羊隔离观察，一般12小时以上，确认无异常的，准予屠宰；隔离期间出现异常的，按《病死及病害动物无害化处理技术规范》无害化处理。

对患病动物污染的场所、用具、物品严格进行消毒。

6.2.2.3 怀疑患有本规程规定疫病及临床检查发现其他异常情况的，按相应疫病防治技术规范进行实验室检测，并出具检测报告。实验室检测须由省级动物卫生监督机构指定的具有资质的实验室承担。

【解读】本条是对需要进行实验室检测疫病以及检测实验室的规定。

很多疫病在临床症状上并不具备典型临床特征，单一地依靠临床群体与个体检查很难发现患病动物或疑似患病动物。因此，需要结合入场前的查证验物，流行病学调查来综合分析判定。需要重点了解待宰羊的来源，是否来自或途经流行地区，是否进行过免疫接种，是否在保护期内等情况。对于已有快速检测试剂盒，具备检测能力的屠宰场，建议进行抽检，如未免疫羊可通过虎红平板凝集试验进行布鲁氏菌病抽检。

通过上述综合分析，怀疑患有本规程规定疫病的，委托具备检测能力和资质的实验室，按相应疫病防治技术规范进行实验室检测。

6.2.2.4 发现患有本规程规定以外疫病的，隔离观察，确认无异常的，准予屠宰；隔离期间出现异常的，按《病害动物和病害动物产品生物安全处理规程》（GB 16548）等有关规定处理。

【解读】本条是对发现患有本规程规定以外疫病处理的规定。

宰前检查发现患有本规程规定以外动物疫病的，应隔离观察。

对于一些对人体危害小，传播能力有限，对畜牧业发展影响较小的疫病，经隔离观察确认无异常的，准予屠宰。隔离观察期间死亡的，做无害化处理，对污染的场所、用具、物品严格进行消毒。

除本规程规定疫病外，羊可感染的二、三类动物疫病还包括：

二类动物疫病：狂犬病、蓝舌病、日本脑炎；

三类动物疫病：伪狂犬病、轮状病毒感染、产气荚膜梭菌病、大肠杆菌病、巴氏杆菌病、沙门氏菌病、李氏杆菌病、链球菌病、溶血性曼氏杆菌病、副结核病、类鼻疽、支原体病、衣原体病、附红细胞体病、Q热、钩端螺旋体病、东毕吸虫病、囊尾蚴病、旋毛虫病、血矛线虫病、弓形虫病、伊氏锥虫病、隐孢子虫病、山羊关节炎/脑炎、梅迪－维斯纳病、绵羊肺腺瘤病、羊传染性脓疱皮炎、干酪性淋巴结炎、羊梨形虫病、羊无浆体病等。

值得注意的是，检疫过程中发现本规程规定疫病以外的一类疫病或二、三类动物疫病呈暴发时，应按照《动物防疫法》《重大动物疫情应急条例》《农业农村部关于做好动物疫情报告等有关工作的通知》（农医发〔2018〕22号）相关规定，进行疫情报告，待宰动物隔离观察，待疫情确认后，按照一、二、三类动物疫病防控要求执行。

6.2.2.5 确认为无碍于肉食安全且濒临死亡的羊只，视情况进行急宰。

【解读】本条是对急宰羊的规定。

急宰是指对经宰前检查确认患无碍于肉食卫生的一般性疾病且濒临死亡的羊，进行紧急屠宰。常见的急宰情形有：机械性损伤、应激反应导致濒临死亡的、消化系统或呼吸系统非传染性因素导致的濒临死亡羊等。急宰羊应凭急宰通知单进行屠宰。

死亡羊必须无害化处理。

6.3 监督场（厂、点）方对处理病羊的待宰圈、急宰间以及隔离圈等进行消毒。

【解读】本条是对病羊处理完毕后污染圈舍等场所及物品消毒的规定。

官方兽医应监督场（厂、点）方对待宰圈、急宰间以及隔离圈进行机械清扫、清洗及消毒。对圈舍、车辆、屠宰加工等场所，可采用消毒液清洗、喷洒等方式消毒。对屠宰场的饲料、垫料，可采用堆积发酵或者焚烧等方式处理，对粪便等污物作化学处理后采用深埋、堆积发酵或焚烧等方式处理。对生产厂区范围内的办公、工作人员的宿舍、公共食堂等场所，可采用喷洒方式消毒。消毒产生的污水应进行无害化处理。

7 同步检疫

与屠宰操作相对应，对同一头羊的头、蹄、内脏、胴体等统一编号进行检疫。

【解读】本条是对同步检疫的相关规定。

将进入屠宰车间的每头羊的头、蹄、内脏、胴体等各部位实施统一编号。统一编号一方面便于联合诊断；另一方面便于发现疫病时可以找到同一头羊的各部位，进行无害化处理。

7.1 头蹄部检查

【解读】本条是对屠宰羊头蹄部检查的规定。

7.1.1 头部检查。检查鼻镜、齿龈、口腔黏膜、舌及舌面有无水疱、溃疡、烂斑等。必要时剖开下颌淋巴结，检查形状、色泽及有无肿胀、淤血、出血、坏死灶等。

【解读】本条是对羊头部检查内容的规定。

采用视检的方法，检查鼻镜、齿龈、口腔及舌面有无水疱、溃疡、烂斑等；对于可疑羊只，剖开下颌淋巴结，检查形状、色泽及有无肿胀、淤血、出血、坏死灶等。头部检查时，注意有无口蹄疫、小反刍兽疫、绵羊痘和山羊痘的特征性病变。观察眼结膜、咽喉黏膜和血液凝固状态，注意有无炭疽和其他传染病病变特征。头部刮毛后，检查有无寄生虫形成的坏死结节。

7.1.2 蹄部检查。检查蹄冠、蹄叉皮肤有无水疱、溃疡、烂斑、结痂等。

【解读】本条是对羊蹄部检查内容的规定。

检查蹄冠、蹄叉部的皮肤有无水疱、溃疡、烂斑、结痂等。重点检查有无口蹄疫病变。

7.2 内脏检查。取出内脏前，观察胸腔、腹腔有无积液、粘连、纤维素性渗出物。检查心脏、肺脏、肝脏、胃肠、脾脏、肾脏，剖检支气管淋巴结、肝门淋巴结、肠系膜淋巴结

等，检查有无病变和其他异常。

【解读】本条是对内脏检查的规定。

本条是对内脏检疫的概括，主要围绕胸腔、腹腔、肠系膜淋巴结、心脏、肺脏、肝脏、脾脏、胃肠、支气管淋巴结、肝门淋巴结的病理变化进行检疫检查。

7.2.1 心脏。检查心脏的形状、大小、色泽及有无淤血、出血等。必要时剖开心包，检查心包膜、心包液和心肌有无异常。

【解读】本条是对心脏检查内容的规定。

用视检的方法，检查心脏的形状、大小、色泽及有无淤血、出血等。必要时剖开心包，检查心包膜、心包液及心肌，观察有无出血、脓肿、心内膜炎、寄生性病变以及肿瘤等。重点检查有无虎斑心。

7.2.2 肺脏。检查两侧肺叶实质、色泽、形状、大小及有无淤血、出血、水肿、化脓、实变、粘连、包囊砂、寄生虫等。剖开一侧支气管淋巴结，检查切面有无淤血、出血、水肿等。

【解读】本条是对肺脏检查内容的规定。

用检疫刀刮拭肺脏表面，视检肺脏大小、形状、色泽；用检疫钩（刀背）按压肺脏触检，观察有无坏死、萎陷、气肿、水肿、淤血、脓肿、实变、结节、纤维素性渗出物等；剖开一侧支气管淋巴结，充分暴露剖面，检查有无出血、淤血、肿胀、坏死等。必要时剖开肺实质及气管。重点检查有无小反刍兽疫和棘球蚴病变。

检疫过程中发现肺脏淤血、出血，鼻、喉、气管等部位有出血斑，伴有糜烂与溃疡，表面形成纤维素性假膜；脾脏有坏死灶，淋巴结肿大；结膜炎、坏死性口咽病变，皱胃糜烂，创面出血，肠道出血或糜烂，盲肠和结肠结合部有特征性出血或斑马样条纹病变，应怀疑感染小反刍兽疫。

检疫过程中发现肺、肝体积增大，表面凹凸不平，可发现虫体。有时虫体也见于脾、肾、脑及皮下组织，应怀疑感染棘球蚴病。

7.2.3 肝脏。检查肝脏大小、色泽、弹性、硬度及有无大小不一的突起。剖开肝门淋巴结，切开胆管，检查有无寄生虫（肝片吸虫病）等。必要时剖开肝实质，检查有无肿大、出血、淤血、坏死灶、硬化、萎缩等。

【解读】本条是对肝脏检查内容的规定。

采用视检的方法检查肝脏大小、色泽及有无大小不一的突起，注意有无淤血、出血、脓肿、坏死、结节、寄生虫等。利用触诊法，检查肝脏的弹性和硬度。必要时剖开肝实质、胆囊、胆管，检查有无肝硬化、萎缩和寄生虫等。注意检查有无肝片吸虫、棘球蚴等寄生虫。

检疫过程中发现肝脏肿胀，被膜下有出血点和出血条纹；或肝脏实质萎缩，变性、硬化，肝门淋巴结肿大，胆管扩张、呈白色或灰黄色粗细不均的索状；肝内胆管壁增厚，含有虫体，呈棕红色，叶片状，应怀疑感染肝片吸虫。

7.2.4 肾脏。剥离两侧肾被膜（两刀），检查弹性、硬度及有无贫血、出血、淤血等。必要时剖检肾脏。

【解读】本条是对肾脏检查内容的规定。

采用视诊的方法，检查肾脏的色泽、大小和形状，触诊肾脏的弹性和硬度，注意观察有无贫血、出血、淤血、肿瘤等病变。必要时剖检肾脏。布鲁氏菌病病羊肾脏有时可见特征性肉芽肿，应注意观察、辨别。肾脏表面充血，实质松软如泥，略加触压即烂，常见于产气荚膜杆菌感染。

7.2.5 脾脏。检查弹性、颜色、大小等。必要时剖检脾实质。

【解读】本条是对脾脏检查内容的规定。

采用视诊的方法，检查脾脏的色泽、大小和形状。触诊脾脏弹性。注意检查脾脏有无急性肿大，被膜紧张易破，质地酥软，脾髓暗黑，流出暗红色似煤焦油状血液等炭疽病的特征性病变。

7.2.6 胃和肠。检查浆膜面及肠系膜有无淤血、出血、粘连等。剖开肠系膜淋巴结，检查有无肿胀、淤血、出血、坏死等。必要时剖开胃肠，检查有无淤血、出血、胶样浸润、糜烂、溃疡、化脓、结节、寄生虫等，检查瘤胃肉柱表面有无水疱、糜烂或溃疡等。

【解读】本条是对胃和肠检查内容的规定。

采用视诊的方法，检查胃和肠的外形，检查浆膜和肠系膜，注意浆膜面上有无增生物，有无充血、出血、淤血、粘连等病变。剖检肠系膜淋巴结，检查形状、色泽，注意有无肿大、出血、淤血、溃疡等病理变化。必要时剖开胃肠，检查内容物、黏膜，注意有无出血、结节、寄生虫等。如果头蹄部检查存在口蹄疫病变可疑时，应重点检查瘤胃肉柱表面有无水疱、糜烂或溃疡等。重点检查有无小反刍兽疫、炭疽、副结核病等传染病的病变。

检疫过程中发现羊消瘦，回肠、盲肠和结肠的肠黏膜整个增厚或局部增厚，形成皱褶，像大脑皮质的回纹状，肠系膜淋巴结坚硬，色苍白，肿大呈索状，应怀疑感染副结核病。

7.3 胴体检查

【解读】本条是对胴体检查的规定。

羊的胴体不劈半，故胴体检查主要以视检为主，当发现可疑病变时，再进行详细剖检。检查方法与牛的基本相同。

7.3.1 整体检查。检查皮下组织、脂肪、肌肉、淋巴结以及胸腔、腹腔浆膜有无淤血、出血以及疹块、脓肿和其他异常等。

【解读】本条是对整体检查内容的规定。

采用视检的方法，检查胴体整体和四肢有无异常。检查时从上至下、由表及里，仔细观察皮下组织、脂肪、肌肉、胸腔和腹腔浆膜、淋巴结等组织有无水肿、淤血、出血、疹块、脓肿和其他异常情况。注意胴体放血程度是否良好，有无脂肪坏死和黄染现象；臀部有无注射痕迹，腰背部和前胸有无寄生性病变；有无腹膜炎，胸腹腔有无结核结节。最后观察颈部有无血污和其他污染。

7.3.2 淋巴结检查

【解读】本条是对淋巴结检查的规定。

主要剖检颈浅淋巴结、髂下淋巴结，必要时剖检腹股沟深淋巴结。

7.3.2.1 颈浅淋巴结。在肩关节前稍上方剖开臂头肌、肩胛横突肌下的一侧颈浅淋巴结，检查切面形状、色泽及有无肿胀、淤血、出血、坏死灶等。

【解读】本条是对颈浅淋巴结检查的规定。

用检验钩钩住前肢肌肉并向下侧方拉拽以固定胴体，在肩关节前稍上方剖开臂头肌、肩胛横突肌下的一侧颈浅淋巴结，检查切面形状、色泽，注意有无肿胀、淤血、出血、坏死、化脓、干酪变性和钙化结节等病变。

7.3.2.2 髂下淋巴结。剖开一侧淋巴结，检查切面形状、色泽、大小及有无肿胀、淤血、出血、坏死灶等。

【解读】本条是对髂下淋巴结检查的规定。

在膝关节的前上方、阔筋膜张肌前缘膝褶内侧脂肪层剖开一侧髂下淋巴结，检查切面形状、色泽、大小，注意有无肿胀、淤血、出血、坏死灶等病变。

7.3.2.3 必要时检查腹股沟深淋巴结。

【解读】本条是对腹股沟深淋巴结检查的规定。

当发现淋巴结有可疑病变时，或在头部、内脏发现有传染病可疑或疫病全身化时，除对同号胴体进行详细检查外，还须剖检腹股沟深淋巴结，注意有无肿大、出血、淤血、化脓、坏死等变化。

7.4 复检。官方兽医对上述检疫情况进行复查，综合判定检疫结果。

【解读】本条是对复检的规定。

检疫人员对上述所有检验点的检疫情况进行一次全面复查，检查有无病变漏检。最后综合检疫情况，判定检疫结果。

7.5 结果处理

7.5.1 合格的，由官方兽医出具动物检疫合格证明，加盖检疫验讫印章，对分割包装肉品加施检疫标志。

【解读】本条是对检疫合格肉品处理的规定。

检疫合格的，由官方兽医出具动物检疫合格证明，加盖检疫验讫印章，无法加盖加施检疫标识的，对分割包装的肉品加施检疫标志。动物检疫合格证明双联打印，一联作为检疫记录保存 12 个月以上。

7.5.2 不合格的，由官方兽医出具动物检疫处理通知单，并按以下规定处理。

【解读】本条是对检疫不合格肉品处理的规定。

经检疫不合格的，转入疑似疫病产品的专用轨道，避免与检疫合格产品接触，降低传染的风险，由官方兽医出具动物检疫处理通知单，并按下款规定处理。

7.5.2.1 发现患有本规程规定疫病的，按 6.2.2.1、6.2.2.2 和有关规定处理。

【解读】本条是对患有本规程规定疫病处理的规定。

发现有口蹄疫、痒病、小反刍兽疫、绵羊痘和山羊痘、炭疽症状的，应立即向当地动物疫病预防控制机构报告疫情，并采取隔离等控制措施，防止动物疫情扩散。配合当地动物疫病预防控制机构进行采样、流行病学调查。确诊后按照相应的防治技术规范划定疫点、疫区、受威胁区，扑杀并销毁染疫动物和易感动物及其产品。对污染的场所和用具进行全面消毒。

发现有布鲁氏菌病症状的，应当及时向当地动物防疫监督机构报告。经实验室诊断确诊后，对患病动物全部扑杀，并做无害化处理。同群羊隔离观察，确认无异常的，准予屠宰。隔离期间出现异常，实施扑杀和无害化处理。对患病动物污染的场所、用具、物品严格进行消毒。

7.5.2.2 发现患有本规程规定以外疫病的，监督场（厂、点）方对病羊胴体及副产品按《病害动物和病害动物产品生物安全处理规程》（GB 16548）处理，对污染的场所、器具等按规定实施消毒，并做好《生物安全处理记录》。

【解读】本条是对患有本规程规定以外疫病处理的规定。

发现患有本规程规定以外动物疫病的，官方兽医监督场（厂、点）方对病羊胴体及副产品按《病死及病害动物无害化处理技术规范》处理。对污染的场所、器具等按规定实施消毒，并做好记录。本条规定所指疫病是指那些传播能力强，对人和动物危害较大，对畜牧业发展影响较大的疫病。如果不进行无害化处理，极易给畜牧业发展和公共卫生安全带来较大隐患。

7.5.3　监督场（厂、点）方做好检疫病害动物及废弃物无害化处理。

【解读】本条是对监督场（厂、点）方做好检出病害动物及废弃物无害化处理的规定。

驻场官方兽医监督场（厂、点）方做好检出病害动物、动物产品及废弃物的无害化处理。肉羊屠宰场废弃物主要是瘤胃内容物、血水、粪便、毛等。无害化处理的责任主体为屠宰场（厂、点）。

7.6　官方兽医在同步检疫过程中应做好卫生安全防护。

【解读】本条是对官方兽医在同步检疫过程中应做好卫生安全防护的规定。

官方兽医在同步检疫过程中，对所有可能具有传染性的羊产品和检疫相关工具接触时必须做好卫生安全防护。应从以下几个方面进行考虑：一是保证检疫操作处光线充足；二是在岗位中佩戴相应手套、口罩和防渗透性能的围裙，防止气溶胶性感染；三是操作完毕后立即洗手，并进行消毒；四是避免检疫工具的误伤，做好工具的消毒；五是加强水电设施安全管理；六是屠宰场应该做好医疗事故应急预案。

8 检疫记录

8.1 官方兽医应监督指导屠宰场（厂、点）方做好待宰、急宰、生物安全处理等环节各项记录。

【解读】本条是对官方兽医监督指导屠宰场（厂、点）方做好各环节记录的规定。

官方兽医应监督指导屠宰场（厂、点）方做好各环节的记录工作，实现屠宰各环节有迹可循。记录内容应当包括但不限于以下内容：畜主、耳标号、数量、检疫结果、处理方式、处理人、处理结果、记录人、记录时间等。

8.2 官方兽医应做好入场监督查验、检疫申报、宰前检查、同步检疫等环节记录。

【解读】本条是对官方兽医做好各环节记录的规定。

记录包括活畜入场日登记表、检疫申报单、宰前检查日登记表、同步检疫日登记表、检疫处理通知单等。

8.3 检疫记录应保存12个月以上。

【解读】本条是对检疫记录保存时间的规定。

各项检疫记录应当保存12个月以上。目的是产品可追溯，检疫工作有痕迹。为了便于疫病防控追溯，方便保存与调阅，建议采用电子和纸质两种记录。

中国动物卫生与流行病学中心

简　介

中国动物卫生与流行病学中心是农业农村部直属正局级事业单位，核定编制180人，主要承担重大动物疫病流行病学调查、诊断、监测，动物和动物产品兽医卫生评估，动物卫生法规标准和重大外来动物疫病防控技术措施研究等工作，是实施兽医行业管理的国家级动物卫生技术支持机构。

目前，中心形成了一个青岛本部，红岛、浙江中央山岛两个基地，北京、上海、哈尔滨、兰州四个分中心的业务布局，拥有青岛易邦生物工程有限公司、青岛立见生物科技有限公司两个高新技术企业。

邮箱：info@cahec.cn

邮编：266032

地址：山东省青岛市南京路369号

中国动物卫生与流行病学中心

机构设置

- 办公室
- 人事处（离退休人员工作处）
- 党委办公室
- 科技发展与国际合作处
- 计划财务处
- 资产管理处
- 基建管理处
- 后勤处
- 动物卫生标准法规研究室
- 流行病学调查处
- 动物卫生评估处
- 动物卫生信息处
- 外来病监测与研究中心
- 人兽共患病监测室
- 畜病监测室
- 禽病监测室
- 动物产品安全监测室
- 致病微生物监测室

图书在版编目（CIP）数据

官方兽医牛羊检疫工作实务 / 中国动物卫生与流行病学中心组编．—北京：中国农业出版社，2022.8
ISBN 978-7-109-29869-9

Ⅰ．①官…　Ⅱ．①中…　Ⅲ．①牛－屠宰加工－兽医卫生检验②羊－屠宰加工－兽医卫生检验　Ⅳ．①TS251.5

中国版本图书馆 CIP 数据核字（2022）第 155278 号

官方兽医牛羊检疫工作实务
GUANFANG SHOUYI NIUYANG JIANYI GONGZUO SHIWU

中国农业出版社出版
地址：北京市朝阳区麦子店街 18 号楼
邮编：100125
责任编辑：肖　邦
版式设计：杜　然　　责任校对：吴丽婷
印刷：中农印务有限公司
版次：2022 年 8 月第 1 版
印次：2022 年 8 月北京第 1 次印刷
发行：新华书店北京发行所
开本：880mm×1230mm　1/32
印张：3.25　　插页：2
字数：75 千字
定价：22.00 元

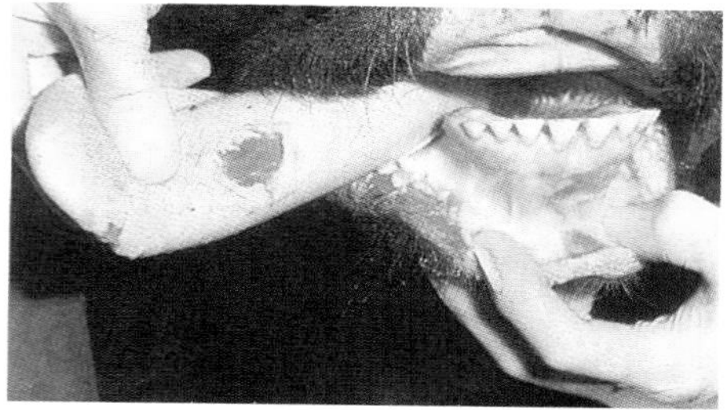

A

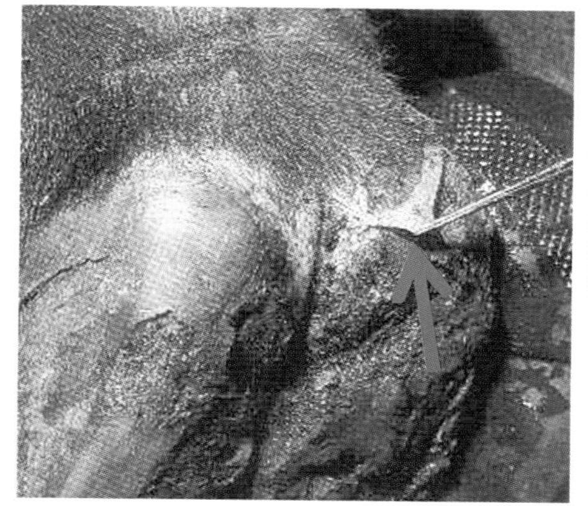

B

彩图1　口蹄疫症状

A.牛口腔舌黏膜糜烂溃疡

B.病牛蹄踵的水疱破溃，糜烂

（杨莲茹供图）

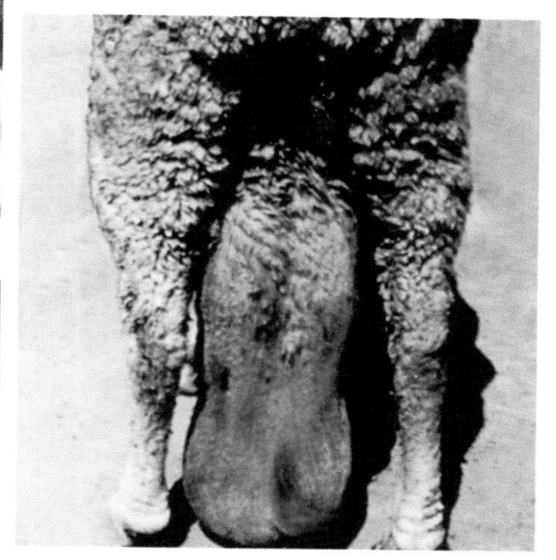

彩图2　布鲁氏菌病症状

睾丸发炎肿大，阴囊肿胀拖地，

病羊行走困难

（陈怀涛，《兽医病理学原色图谱》）

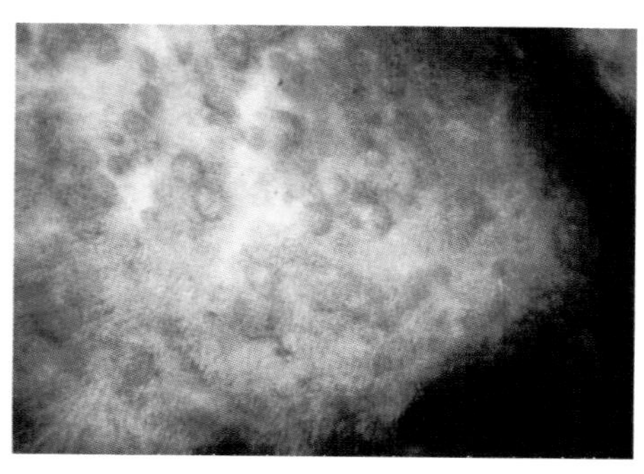

A

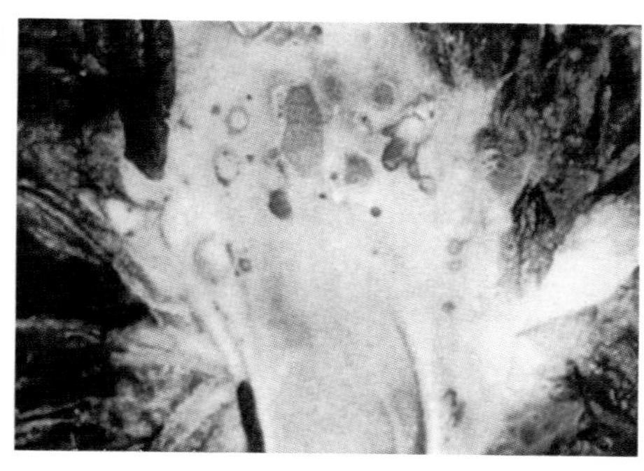

B

彩图3　绵羊痘和山羊痘典型临床症状

A.皮肤痘疹　B.尾内侧皮肤的化脓性痘疹

（陈怀涛，《兽医病理学原色图谱》）

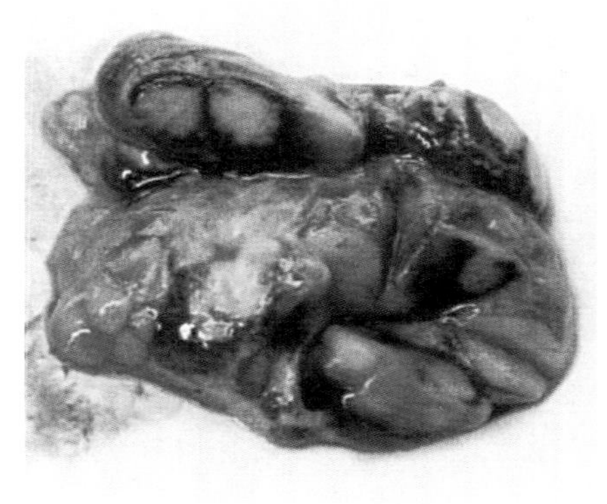

A

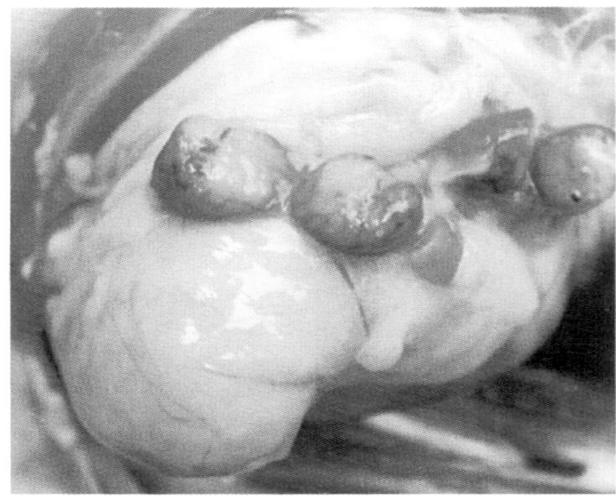

B

彩图4　头部检查

A.出血性淋巴结炎　B.淋巴结肿大、出血，呈大理石样

（杨莲茹供图）

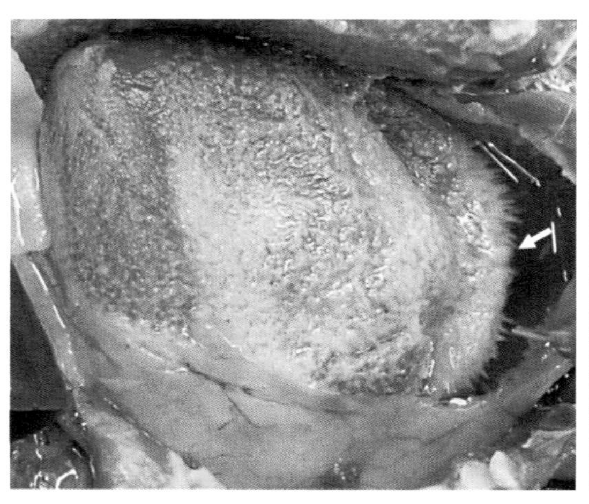

A

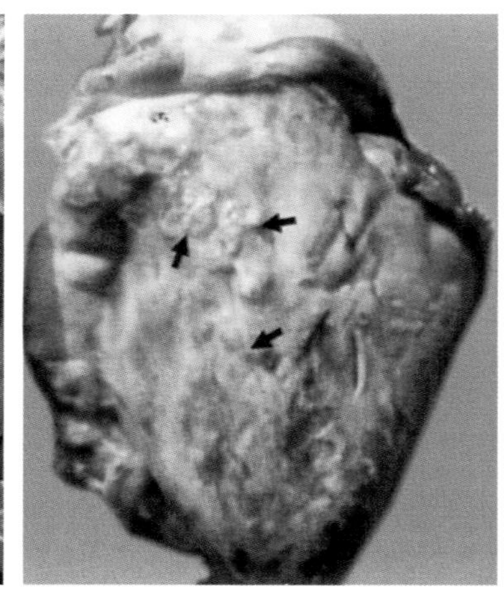

B

彩图5　心脏检查

A.纤维素性心包炎　B.心脏上的结核结节

(杨莲茹供图)

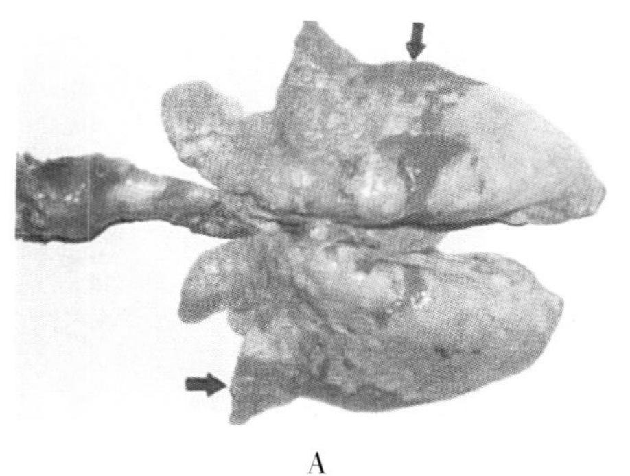

A

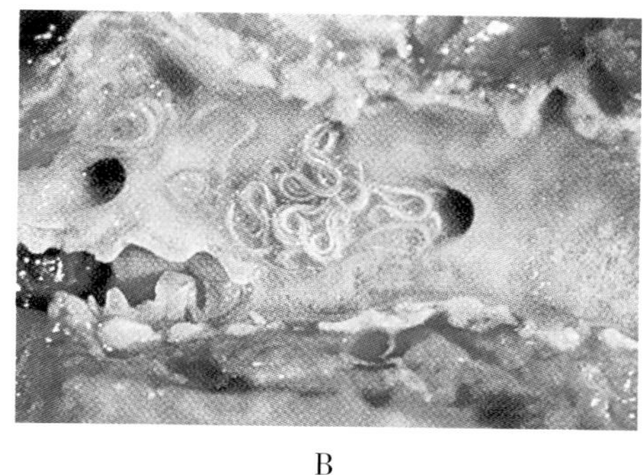

B

彩图6　肺脏检查

A.肺肉样实变（肺胰变）　B.肺丝虫

(杨莲茹供图)

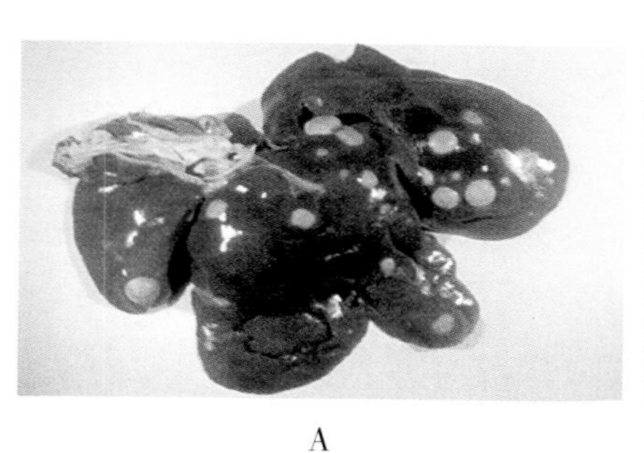

A

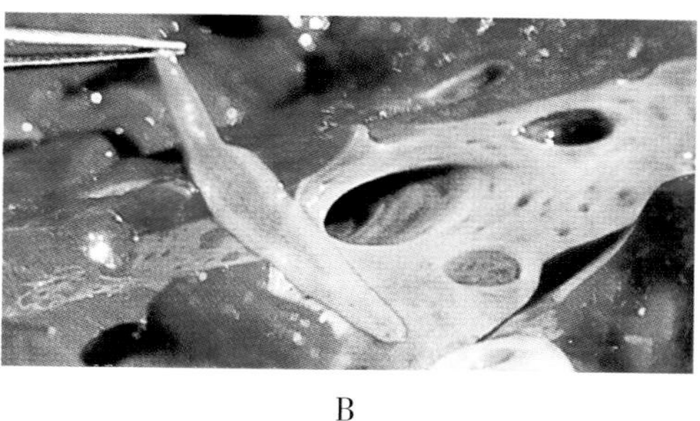

B

彩图7　肝脏检查

A.棘球蚴　B.片形吸虫

(杨莲茹供图)

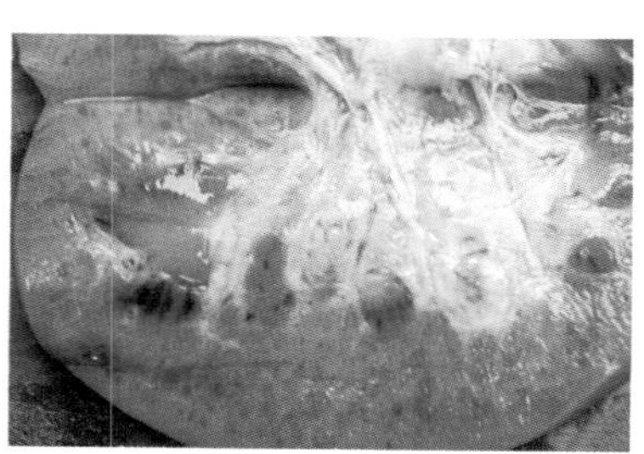

彩图8　肾脏检查

肾脏切面的出血斑、点

（杨莲茹供图）

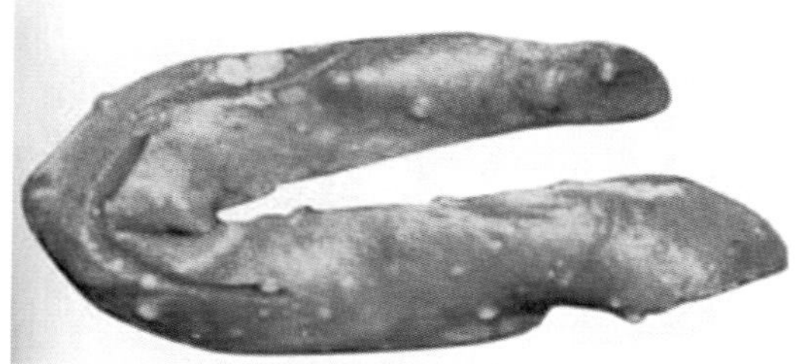

彩图9　脾脏检查

脾脏的结核病灶

（杨莲茹供图）

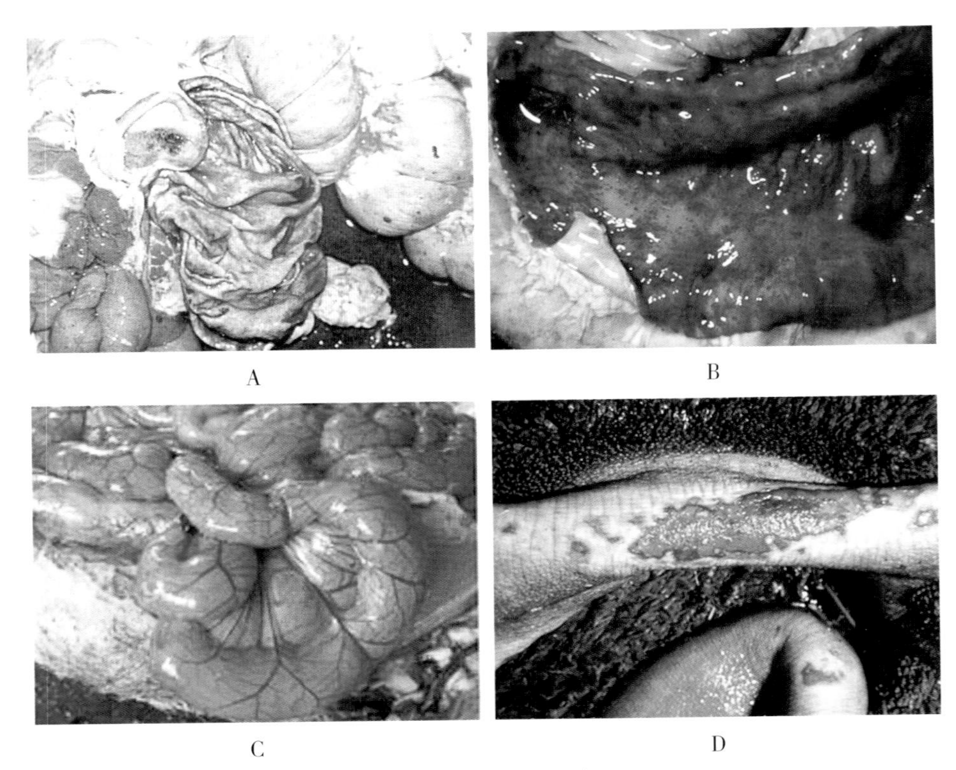

彩图10　胃肠检查

A.胃黏膜（胃底和幽门部）出血　B.大肠黏膜出血

C.肠道充血、肠壁变薄　D.瘤胃黏膜的糜烂

（杨莲茹供图）

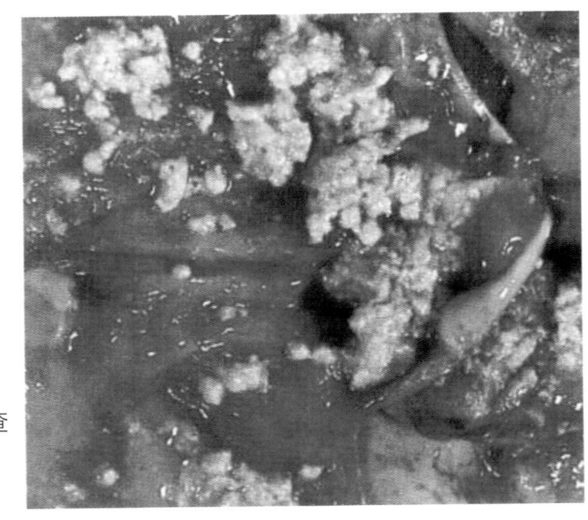

彩图11　子宫布鲁氏菌病检查

化脓性子宫内膜炎

（杨莲茹供图）